学前儿童游戏

主　编　黎　莉
副主编　朱佳敏　王尤晴　许兴建　何　燕
参　编　郑　航　何　伊　朱春萍　郭晓霞
主　审　钱源伟

北京理工大学出版社
BEIJING INSTITUTE OF TECHNOLOGY PRESS

内 容 简 介

"学前儿童游戏"是学前教育专业的重要专业核心课程,是一门集理论与实践于一体的综合性课程。本课程凸显学前教育的示范性和高职教育的职业性,既注重让学生获得专业知识,树立专业理念,又注重提高学生的综合实践能力。本教材以行动为导向,岗课赛证融通,对接幼儿园典型工作任务,重构出了工作过程与学习过程统一、工作内容与学习内容统一、工作要求与学习要求统一的"三统一"、融入课程思政元素的阶梯式提升的课程结构与内容,包括6大项目18个任务。6大项目分别为:角色游戏、结构游戏、表演游戏、体育游戏、智力游戏和音乐游戏。其中每个项目又包含3个工作任务,分别为:小班××游戏的组织与实施、中班××游戏的组织与实施、大班××游戏的组织与实施。每个学习任务的完成就是每个游戏活动工作的完成,通过学习任务的完成学生学会如何工作。

本教材可供全国学前教育专业学生使用,也可作为幼儿园一线教师教学的参考用书,同时还可为社会有关人员及家庭进行儿童教育提供参考资料。

版权专有 侵权必究

图书在版编目(CIP)数据

学前儿童游戏 / 黎莉主编. -- 北京:北京理工大学出版社,2024.1

ISBN 978-7-5763-3384-8

Ⅰ.①学… Ⅱ.①黎… Ⅲ.①学前儿童-游戏课-教材 Ⅳ.①G613.7

中国国家版本馆 CIP 数据核字(2024)第 004065 号

责任编辑:吴 欣	文案编辑:吴 欣	
责任校对:周瑞红	责任印制:边心超	

出版发行 /	北京理工大学出版社有限责任公司
社　　址 /	北京市丰台区四合庄路6号
邮　　编 /	100070
电　　话 /	(010) 68914026(教材售后服务热线)
	(010) 68944437(课件资源服务热线)
网　　址 /	http://www.bitpress.com.cn

版 印 次 /	2024年1月第1版第1次印刷
印　　刷 /	定州市新华印刷有限公司
开　　本 /	787 mm×1092 mm　1/16
印　　张 /	11.5
字　　数 /	244千字
定　　价 /	58.00元

图书出现印装质量问题,请拨打售后服务热线,负责调换

前　言

以《教育部关于印发〈职业院校教材管理方法〉的通知》（教职成〔2019〕3号）为指导，依据《幼儿园教师专业标准（试行）》《幼儿园工作规程》以及《3~6岁儿童学习与发展指南》的要求，教学团队以课程建设为依托，积极推进新形态教材建设。为了培养具有高尚师德，掌握现代学前教育专业知识和技能，从事保教与管理工作的高素质应用型人才，教材注重在"厚基础、重运用、强师德"方面对学生进行综合培养，夯实基础知识的学习，重视职业能力的操练，强化幼师师德的养成，促进学生全面发展。本教材在育人理念、教材体例、教学内容、教材使用功能等方面进行了大胆改革，不仅反映了新时代产教融合、校企合作、岗课赛证融通等教学改革成果，在教材科学性、针对性、实践性等方面也反映了幼儿教师岗位典型的工作任务的职业能力要求。本教材的编写主要有以下特点：

1. 价值引领，立德树人

教材遵循教学教育性原则，深入挖掘课程中的育人元素，提炼课程知识中所蕴含的思想价值和精神内涵，根据岗位职业素养要求，形成"三观念"——游戏观、儿童观、教育观；"四精神"——民族精神、创新精神、合作精神、育人精神；"四能力"——沟通能力、组织能力、反思能力、从教能力的"大思政"体系。在教材中，将课程知识传授与思想政治教育有机融合，将显性教育与隐性教育融会贯通，既重视课程的知识教学，又能通过价值引领，立德树人，实现育人目标。

2. 双元开发，智慧特色

本教材编写团队由学校教师和校企合作幼儿园资深教师共同组成，团队成员中高级职称教师占80%，双师型占100%，幼儿园资深教师占15%。团队成员有长期在幼儿园一线教学的工作经历，对幼儿园工作岗位的要求，特别是对幼儿游戏活动的组织与指导能力有清晰的认识和了解，因此在教材编写中，明白教师和学生对教材的真正需求，也使得本教材具有内容先进、凸显实践、产教契合度高等特点。同时，本校企合作编写团队是一支具有较强的教学能力和创新精神的团队，团队建设的"学前儿童游戏"课程被评为国家级线上精品课程，依托信息技术，开发了游戏案例视频包、习题包等数字化教学资源。学生只需要通过扫描书上的二维码，便可快速获得完成任务所需要的资源。教师也可以在不改变扫码链接的情况下实现对教材中线上内容的不断更新，实现了智慧教育的特色。

3. 行动导向，项目驱动

教材以行动为导向，以学生为中心，对接幼儿园典型工作任务，重构出了工作过程与学习过程统一、工作内容与学习内容统一、工作要求与学习要求统一的"三统一"教学内容。教材共设 6 个项目、18 个任务，构建工作过程阶梯式场景，促成知识学习递进式理解。例如，项目一包括 3 个任务：小班角色游戏"娃娃家"组织与实施、中班角色游戏"手机店"组织与实施、大班角色游戏"航天员"组织与实施。按照学生的认知规律，1 个项目中的 3 个任务从内容和难度上呈阶梯式提升，每个任务都按照"三统一"要求，以行动为导向，每个学习任务的完成就是每个游戏活动工作的完成，通过完成学习任务，学生学会如何工作。

4. 岗课赛证，拓展创新

本教材结合幼儿教师资格证要求，借鉴全国学前教育专业技能大赛经验，明确"基于教学、高于教学"的标准，坚持以提高教育教学质量为导向，将证书要求以及大赛要求融入教材中，设置了岗课赛证"加油站"栏目，及时将幼儿园采用的新理念、新标准、新知识引入日常教学活动之中，使教材内容更加贴近幼儿园教学实践，提升学生技能水平和职业综合素质。

5. 以学定教，自评反思

本教材在使用功能上，改变传统教材过分重视知识呈现，忽视学习方法指导的缺陷。首先是引导学生有正确的学习方法：以识读任务书为先，引领学生自主学习，了解真实任务要求，包括完成工作任务需要掌握的相关知识等；引导学生向现代学习方式——主动性、独立性、互动性、问题性转变，让学生在学习过程中深刻体验学以致用的乐趣。其次，在每个任务完成后，教材都设置了评价反思表格，学生需要对每个任务进行反思总结。学生在"实践—反思—再实践—再反思"的过程中展现"自我"、突破"自我"，不断螺旋式提高专业能力。

编 者

目　　录

项目一　角色游戏 ... 1

　　任务一　小班角色游戏"娃娃家"组织与实施 ... 3
　　任务二　中班角色游戏"手机店"组织与实施 ... 9
　　任务三　大班角色游戏"航天员"组织与实施 ... 14
　　项目知识点 ... 19
　　岗课赛证"加油站" ... 27
　　评价反思 ... 30

项目二　结构游戏 ... 31

　　任务一　小班结构游戏"造房子"组织与实施 ... 33
　　任务二　中班结构游戏"立交桥"组织与实施 ... 38
　　任务三　大班结构游戏"游乐园"组织与实施 ... 42
　　项目知识点 ... 47
　　岗课赛证"加油站" ... 57
　　评价反思 ... 61

项目三　表演游戏 ... 63

　　任务一　小班表演游戏"拔萝卜"组织与实施 ... 65
　　任务二　中班表演游戏"彩虹色的花"组织与实施 ... 71
　　任务三　大班表演游戏"西游记"组织与实施 ... 76
　　项目知识点 ... 81
　　岗课赛证"加油站" ... 90

评价反思 ·· 93

　项目四　体育游戏 ··· 95
　　　任务一　小班体育游戏"蚂蚁运粮"组织与实施 ··································· 97
　　　任务二　中班体育游戏"抢椅子"组织与实施 ····································· 102
　　　任务三　大班体育游戏"好玩的绳子"组织与实施 ······························· 107
　　　项目知识点 ··· 112
　　　岗课赛证"加油站" ··· 120
　　　评价反思 ·· 124

　项目五　智力游戏 ·· 125
　　　任务一　小班智力游戏"吸吸乐"组织与实施 ····································· 127
　　　任务二　中班智力游戏"谁和谁好"组织与实施 ·································· 132
　　　任务三　大班智力游戏"猜猜我是数字几"组织与实施 ·························· 137
　　　项目知识点 ··· 142
　　　岗课赛证"加油站" ··· 146
　　　评价反思 ·· 149

　项目六　音乐游戏 ·· 151
　　　任务一　小班音乐游戏"挑西瓜"组织与实施 ····································· 153
　　　任务二　中班音乐游戏"一起去旅行"组织与实施 ······························· 158
　　　任务三　大班音乐游戏"舞动的非洲"组织与实施 ······························· 163
　　　项目知识点 ··· 168
　　　岗课赛证"加油站" ··· 175
　　　评价反思 ·· 177

参考文献 ·· 178

项目一　角色游戏

一、学习目标

知识目标：了解角色游戏的概念和特点；理解角色游戏对幼儿发展的意义；掌握不同年龄段幼儿角色游戏的特点。

能力目标：具备根据年龄特点规划和指导角色游戏的能力；能够对角色游戏进行观察与评价。

素质目标：逐步具备科学的游戏观、儿童观和创新意识；愿意开展幼儿角色游戏；具备开展角色游戏的基本素质。

二、学时分配

本项目学时分配见表1-1。

表1-1　学时分配计划

项目一	任务一	任务二	任务三
计划时数	4	2	2

三、项目介绍

本项目包括3个任务：小班角色游戏"娃娃家"组织与实施、中班角色游戏"手机店"组织与实施和大班角色游戏"航天员"组织与实施。依据幼儿园角色游戏活动的组织与实施要求，每个任务都需要按照角色游戏组织与实施任务书（见表1-2）中的工作步骤来完成。

表1-2 角色游戏组织与实施任务书

工作步骤 （学习步骤）	工作内容 （学习活动）	工作要求 （学习要求）	备注
步骤一	游戏目标设定	情感目标 知识目标 能力目标	
步骤二	游戏前的准备	经验准备 环境创设	
步骤三	游戏中的指导 （预设情景）	游戏导入 角色分配 预设情景	
步骤四	游戏后的指导	愉快结束游戏 整理玩具材料 组织讨论游戏	
步骤五	游戏评价	完成观察与记录表 完成角色游戏评价表	

任务一　小班角色游戏"娃娃家"组织与实施

任务情境

今天小一班的慧慧抱着一个娃娃很认真地对你说："老师，我的娃娃想有一个家。"你明白"娃娃家"是小班幼儿最喜欢的角色游戏之一，所以准备在小一班组织一次角色游戏"娃娃家"（见图1-1）。

为了完成这个工作任务，你需要按照角色游戏组织与实施任务书（见表1-2）中的工作步骤完成所有工作内容。

图1-1　角色游戏"娃娃家"

学习活动一　游戏目标设定

一、识读任务

1. 通过浏览任务书（见表1-2），你认为要完成一个游戏活动的组织与实施需要哪些工作步骤？

2. 请参考阅读知识点1.1，回答：什么是角色游戏？角色游戏有什么特点？

3. 为了设定本游戏目标，请先阅读知识点1.2，简要回答：角色游戏能够促进幼儿哪些方面的发展？并举例说明。

二、完成工作步骤一

请扫描二维码，阅读资料 1-1，掌握游戏目标设定的原则，并阅读游戏案例 1-1 及资料 1-2，参考"小班角色游戏目标设定"，进行小组讨论，共同设定本游戏的各项目标。

资料 1-1　　游戏案例 1-1　　资料 1-2

情感目标：

知识目标：

能力目标：

学习活动二　游戏前的准备

一、识读任务

1. 请阅读知识点 1.3，回答：游戏前可以通过什么方式丰富幼儿的关键经验？

2. 请扫描二维码，阅读资料 1-3，简要回答：游戏环境的创设原则有哪些？

资料 1-3

二、完成工作步骤二

1. 结合本游戏"娃娃家"的主题和小班的年龄特点,进行小组讨论:你们会用什么具体的方式在本游戏前丰富幼儿关键经验?

_____
_____
_____
_____

2. 请参考知识点 1.3,讨论:如何进行本游戏的环境规划?并画出环境规划示意图。

环境规划示意图

3. 请参考知识点 1.4,讨论:如何进行本游戏的材料投放?

娃娃	餐具	奶瓶	服装	仿真食物
是否选用( ) 数量( )	是否选用( ) 数量( )	是否选用( ) 数量( )	是否选用( ) 数量( )	是否选用( ) 数量( )

其他材料:
_____
_____
_____

学习活动三 游戏中的指导

一、识读任务

1. 请阅读知识点 1.5，回答：游戏中教师应该在什么情况下介入游戏？

二、完成工作步骤三

1. 请扫描二维码，参考游戏案例 1-1，针对小班角色游戏"娃娃家"的游戏主题和小班的年龄特点进行小组讨论：如何导入游戏？

游戏案例 1-1

2. 在本游戏中，你会如何帮助幼儿进行角色分配？

3. 预设情景一：

丁丁家的妈妈在给娃娃穿衣服，但是娃娃的裤子好像很难穿。试了几次之后，裤子还是没有穿上，妈妈有点气馁了，把裤子扔在了一边，开始玩手。丁丁家的爸爸在桌子边上摆弄水果，表情显得有些无所事事。过了一会儿，妈妈把娃娃也扔在了床上，站起来，开始东张西望，不知如何是好。

针对情景一，小组讨论：你们应该如何指导？

学习活动四　游戏后的指导

一、识读任务

1. 小组讨论：让幼儿愉快结束游戏的意义是什么？

二、完成工作步骤四

1. 你会如何组织小班幼儿整理"娃娃家"游戏的玩具材料？

2. 在组织小班幼儿进行"娃娃家"游戏讨论时，你会采用什么方法或者通过问哪些问题鼓励幼儿一起参与讨论评价？

学习活动五　游戏评价

一、识读任务

1. 查阅知识点 1.6，请罗列出游戏观察的主要内容。

2. 查阅知识点 1.6，请回答：游戏评价包括哪两个方面？

二、完成工作步骤五

1. 扫码观看视频 1-1，观察游戏中的情景，完成轶事记录表（见表 1-3）。

视频 1-1

表 1-3 轶事记录表

观察者：	观察对象：倩倩（穿蓝色衣服）
观察时间：	观察地点：
情况描述：（视频）	

2. 根据轶事记录表（见表 1-3），完成角色游戏评价表（见表 1-4）。

表 1-4 角色游戏评价表

评价要点	评价内容	评价选项			
		非常符合	比较符合	一般符合	不符合
角色扮演	能通过语言确定角色，并有相应的角色行为动作，能辨别角色间的关系				
想象转换	能用象征物替代某种物品，以物代物				
	能够以言语创设情景				
	材料运用有创新性				
社会互动	能围绕一个主题与同伴互动，并合作扮演				
语言沟通	能围绕游戏主题与同伴进行直接的语言沟通，语言表达符合扮演的角色				
持续性	能围绕游戏主题进行 10 分钟以上的游戏				
	游戏呈连续性				

任务二　中班角色游戏"手机店"组织与实施

任务情境

中班的乐乐对豆豆说:"今天我爸爸买了一个新手机,是可以拍视频的。"豆豆听了之后马上说:"我爸爸和我妈妈都有手机,也可以拍视频。"旁边的浩浩转过头说:"我家有一个手机是可以炒股票的。"壮壮也走过来说:"我家附近有个手机店,有好多好多手机。"……你看见小朋友好像对手机非常感兴趣,就说:"那我们来玩一个手机店的游戏怎么样?这样你们就可以去手机店买自己喜欢的手机了。"小朋友们一听都非常兴奋,纷纷举手赞同(见图1-2)。

为了组织和实施中班角色游戏"手机店"这个工作任务,你需要按照角色游戏组织与实施任务书(见表1-2)中的工作步骤完成所有工作内容。

图1-2　角色游戏"手机店"

学习活动一　游戏目标设定

完成工作步骤一

请扫码阅读资料1-1,回顾游戏目标设定的原则,并阅读游戏案例1-1及资料1-2,参考"中班角色游戏目标设定",通过小组讨论,共同设定本游戏的各项目标。

资料1-1　　　　游戏案例1-1　　　　资料1-2

情感目标:
_____
_____
_____

知识目标:
_____
_____
_____

能力目标：

学习活动二　游戏前的准备

完成工作步骤二

1. 请回顾知识点 1.3，结合本游戏"手机店"的主题和中班的年龄特点，小组讨论：你们会用什么具体的方式在本游戏前丰富幼儿关键经验？

2. 请回顾知识点 1.3，讨论：如何进行本游戏的环境规划？并画出环境规划示意图。

环境规划示意图

3. 请回顾知识点 1.4，讨论：如何进行本游戏的材料投放？

玩具手机	废纸盒	广告纸	收银机	代币
是否选用（　　） 数量（　　）	是否选用（　　） 数量（　　）	是否选用（　　） 数量（　　）	是否选用（　　） 数量（　　）	是否选用（　　） 数量（　　）

其他材料：

学习活动三　游戏中的指导

完成工作步骤三

1. 请扫描二维码,参考游戏案例1-1,针对中班角色游戏"手机店"的游戏主题和中班的年龄特点,小组讨论:如何导入本游戏?

游戏案例1-1

2. 预设情景一:

手机店游戏要开始了,壮壮和豆豆都想扮演手机店里的营业员,壮壮说:"我会卖手机。"豆豆也不示弱:"我也会卖的,收了钱,就可以给客人手机了。"壮壮脸涨得通红地辩解道:"不对,你要先问客人要什么手机。"然后两人开始抢装有手机的大盒子,谁也不肯放手,争来抢去,最后推搡起来,大盒子掉在了地上,手机撒了一地。

针对情景一,小组讨论:你们应该如何指导?

3. 预设情景二:(根据游戏中可能会出现的场景,自行设计情景二)

针对情景二,小组讨论:你们应该如何指导?

学习活动四　游戏后的指导

完成工作步骤四

1. 你会如何组织中班幼儿整理"手机店"游戏的玩具材料?

2. 在游戏讲评环节,你会如何鼓励幼儿分享游戏经验?

学习活动五　游戏评价

完成工作步骤五

1. 扫码观看视频 1-2,观察游戏中的情景,完成轶事记录表(见表 1-5)。

视频 1-2

表 1-5　轶事记录表

观察者:	观察对象:壮壮(穿红黑格子衣服)
观察时间:	观察地点:
情况描述:(视频)	

2. 根据轶事记录表（见表 1-5），完成角色游戏评价表（见表 1-6）。

表 1-6　角色游戏评价表

评价要点	评价内容	评价选项			
		非常符合	比较符合	一般符合	不符合
角色扮演	能通过语言确定角色，并有相应的角色行为动作，能辨别角色间的关系				
想象转换	能用象征物替代某种物品，以物代物				
	能够以言语创设情景				
	材料运用有创新性				
社会互动	能围绕一个主题与同伴互动，并合作扮演				
语言沟通	能围绕游戏主题与同伴进行直接的语言沟通，语言表达符合扮演的角色				
持续性	能围绕游戏主题进行 10 分钟以上的游戏				
	游戏呈连续性				

任务三　大班角色游戏"航天员"组织与实施

任务情境

2021年10月16日是一个令人兴奋的日子，神舟十三号载人飞船按照预定时间精准点火发射，顺利将翟志刚、王亚平、叶光富3名航天员送入太空。为此，当天早上你组织了大二班小朋友一起观看了载人飞船的发射过程。当小朋友们看见3名航天员整装待发的样子，满眼都是崇拜。在发射的倒计时时刻，小朋友们不约而同一起大声数到："……3，2，1！"目睹飞船进入太空，大家都兴奋地跳起来。看着孩子们激动的脸庞，你趁热打铁问："小朋友们是不是觉得航天员很厉害？"小朋友们七嘴八舌大声回答着"好厉害！""我长大了也想当航天员。"童童拿了一个纸盒子戴在头上，接了一个塑料软管，走到你面前说："老师你看我像航天员吗？"……于是一个由孩子们自主确定的主题为"航天员"的角色游戏即将开始（见图1-3）。

图1-3　角色游戏"航天员"

为了组织和实施大班角色游戏"航天员"这个工作任务，你需要按照角色游戏组织与实施任务书（见表1-2）中的工作步骤完成所有工作内容。

学习活动一　游戏目标设定

完成工作步骤一

请扫描二维码，阅读资料1-1，回顾游戏目标设定的原则，并阅读游戏案例1-1及资料1-2，参考"大班角色游戏目标设定"，通过小组讨论，共同设定本游戏的各项目标。

资料1-1　　　　游戏案例1-1　　　　资料1-2

情感目标：

知识目标：

能力目标：
_____
_____

学习活动二　游戏前的准备

完成工作步骤二

1. 请回顾知识点1.3，结合本游戏"航天员"的主题和大班的年龄特点，小组讨论：你们会用什么具体的方式在本游戏前丰富幼儿关键经验？
_____
_____
_____
_____

2. 请回顾知识点1.3，讨论：如何进行本游戏的环境规划？并画出环境规划示意图。

环境规划示意图

| |
| |
| |
| |
| |

3. 请回顾知识点1.4，讨论：如何进行本游戏的材料投放？

航天服	各类塑料管	护目镜	积木	记录纸和笔
是否选用（　） 数量（　）	是否选用（　） 数量（　）	是否选用（　） 数量（　）	是否选用（　） 数量（　）	是否选用（　） 数量（　）

其他材料：
_____
_____
_____

学习活动三　游戏中的指导

完成工作步骤三

1. 请扫描二维码，参考游戏案例1-1，针对大班角色游戏"航天员"的游戏主题和大班的年龄特点，小组讨论：如何导入本游戏？

游戏案例1-1

_____
_____
_____

2. 预设情景一：

在游戏角色分配时，多数小朋友都想当航天员。通过大家协商，今天先由童童和强强做航天员，开启第一次载人飞船发射，之后再轮到玲玲和涵涵当航天员。当童童穿好航天服之后，发现自己没有太空探测仪，而涵涵的手上有一个太空探测仪。童童走过去对涵涵说："你把探测仪给我，我要上飞船了。"涵涵说："不行，这是我的探测仪。"童童争辩说："我第一个飞太空，你要把探测仪给我。"但是涵涵还是没有给他。强强在一边很着急地说："快点呀，飞船要起飞了。"场面有些尴尬。

针对情景一，小组讨论：你们应该如何指导？

_____
_____
_____
_____

3. 预设情景二：

冬冬和甜甜扮演游戏中的导航员。两个小朋友正在商量飞船要飞到哪里去，以及按照什么路线飞行。但是好像商量了半天，意见也不统一，飞船的飞行路线一直没有定下来。这边的航天员都已经等不及了，说："我们现在就飞了。"于是冬冬生气地说："这样不行的，没有导航路线飞船飞出去会回不来的。"大家听完之后都停下来，看着冬冬，不知如何是好。

针对情景二，小组讨论：你们应该如何指导？

_____
_____
_____

4. 预设情景三：（根据游戏中可能会出现的场景，自行设计情景三）

针对情景三，小组讨论：你们应该如何指导？

学习活动四　游戏后的指导

完成工作步骤四

1. 你会如何组织大班幼儿整理"航天员"游戏的玩具材料？

2. 在游戏讲评环节，你会如何鼓励幼儿评价游戏？

学习活动五　游戏评价

完成工作步骤五

1. 扫码观看视频 1-3，观察游戏中的情景，完成轶事记录表（见表 1-7）。

视频 1-3

表 1-7　轶事记录表

观察者：	观察对象：玲玲（穿蓝色衣服）
观察时间：	观察地点：
情况描述：（视频）	

2. 根据轶事记录表（见表1-7），完成角色游戏评价表（见表1-8）。

表 1-8 角色游戏评价表

评价要点	评价内容	评价选项			
		非常符合	比较符合	一般符合	不符合
角色扮演	能通过语言确定角色，并有相应的角色行为动作，能辨别角色间的关系				
想象转换	能用象征物替代某种物品，以物代物 能够以言语创设情景 材料运用有创新性				
社会互动	能围绕一个主题与同伴互动，并合作扮演				
语言沟通	能围绕游戏主题与同伴进行直接的语言沟通，语言表达符合扮演的角色				
持续性	能围绕游戏主题进行10分钟以上的游戏				
	游戏呈连续性				

项目知识点

知识点 1.1 角色游戏概述

一、角色游戏的概念

角色游戏是幼儿按照自己的意愿,通过模仿和想象,借助真实或替代的材料,用语言、动作、表情来扮演角色,创造性地再现周围生活的一种游戏,是幼儿游戏中最常见的游戏之一,游戏内容反映社会生活的"社会性"。例如,在角色游戏"小医院"中,幼儿借助玩具温度计、针筒,通过给"病人"量体温、打针等动作,以及耐心询问"病人"的病情等语言,扮演医生的角色,创造性地再现医院的社会情景。

二、角色游戏的特点

1. 自主性

角色游戏是幼儿期一种典型的自发性游戏,即幼儿想玩什么、和谁玩、怎么玩都由幼儿自主决定。在游戏中,幼儿是游戏的主人,可以自由发展游戏主题和情节。如幼儿选择开展"娃娃家"角色游戏,他们可以自主选择扮演"爸爸""妈妈""宝宝"等角色、自主选取需要的"奶瓶""水果""小床"等游戏材料、自主确定游戏的情节,等等。

2. 社会性

现实生活是角色游戏的源泉。角色游戏中的主题、情节、角色等都来源于幼儿的周围社会,是幼儿在日常生活中常见的、体验得到的情境。如"理发店"的角色游戏主题便是幼儿对自己周围生活中的理发店创造性的再现。在角色游戏中,幼儿模仿角色的言语和行为方式,体验角色及其社会关系,从而了解社会生活,学会社会生活的基本规范。

3. 象征性

创造性的想象活动是角色游戏得以开展的前提。幼儿对游戏材料进行假想,以物代物;假想自己是某个角色,以人代人;假想自己在某个情境下展开游戏情节。因此,在角色游戏中,幼儿是在想象的条件下,创造性地反映现实生活中人与人之间的关系和人与物之间的关系,游戏过程充满了象征性。如在"早餐店"的角色游戏中,幼儿把纸条、雪花片等当作面条和大饼,想象自己是早餐店老板,把做好的面条和大饼端上来给客人。

知识点 1.2 角色游戏与幼儿的发展

一、角色游戏促进幼儿社会性发展

1. 突破儿童"自我为中心"的局限

从儿童的思维发展来看,3~6 岁的幼儿是自我中心化思维,幼儿的思维想象都是从自己的角度出发，带有很大的主观色彩。但是通过角色游戏中对各种角色的体验，幼儿在发现自我的基础上，继而发现他人，并将自我和他人区别开来，学会了理解他人的思想、情感，站在他人的角度看问题，这有助于幼儿从自我中心的状态中解脱出来，突破自我中心局限的表现。比如，理发店里的"理发师"本来想打游戏，可是客人来了，"理发师"就不能以自我为中心，必须履行职责，给客人理发。

2. 促进幼儿社会规则意识及社会交往能力的发展

角色游戏是幼儿反映社会、反映成人活动的一种游戏，这种游戏带有很大的模拟性，为幼儿提供了社会实践活动的机会。幼儿在游戏中通过自己的亲身体会去熟悉社会、了解各种社会规则、感知角色的社会责任并提高社会交往能力。比如，幼儿通过在"娃娃家"游戏里扮演妈妈的角色，体验了"妈妈"这个角色的职责，理解了角色的思想感情：宝宝饿了要给宝宝做饭，宝宝生病了要给宝宝喂药。除此之外，还要带宝宝去超市、菜场、医院等地方，这就要求幼儿学会在超市、菜场、医院等场合与收银员、售货员、医生等不同角色进行互动和交往。通过在游戏过程中学会如何与他人进行沟通和协作，幼儿掌握了一定的交往技能，能够增强与他人之间的有效沟通。

二、角色游戏促进幼儿语言能力发展

角色游戏中语言无处不在。从开始协商游戏的主题、游戏的规则到进行游戏角色分配等，都需要幼儿与幼儿之间进行语言的沟通与表达。在游戏过程中，语言的表达更是不可缺少。比如，在"小医院"游戏中，有个小朋友生病了去看医生，就需要和医生之间进行沟通。"医生，我今天头疼，不想吃饭"，"你咳嗽吗？不然我先给你量一下体温，看看你有没有发烧"。在游戏中，幼儿需要用符合角色的语言进行交流，为幼儿的语言发展提供了很好的锻炼机会。在游戏中，幼儿的语言表达能力得到提升，语言沟通的技巧也不断提高。

三、角色游戏促进幼儿积极情感发展

西格蒙德·弗洛伊德提出，通过游戏中的强迫重复，幼儿可以再现难以忍受的体验，通过情感的宣泄来缓解内心的紧张，减少忧虑，不断增强"自我"的抵抗能力和调节能力，以应付现实。例如，家长带孩子去医院"打针"这件事情就会给孩子带来不愉快的甚至是痛苦的体验，幼儿会把这种痛苦的体验变成游戏，通过"强迫重复"重现事件，重新体验，宣泄被压抑的攻击性，降低焦虑，形成积极的情绪情感，利于幼儿心理的健康成长。

知识点 1.3　角色游戏的关键经验准备与环境创设

一、角色游戏的关键经验

角色游戏是幼儿创造性地对现实生活的反映，幼儿的生活经验越丰富，游戏内容就越充实，游戏水平也就越高。为了丰富幼儿角色游戏的主题，激发幼儿游戏的兴趣，在游戏前，教师应丰富幼儿的关键经验。这可以通过参观、教学等方式进行。例如，参观超市回来后组织幼儿讨论：超市里的收银员和保安在工作的时候是怎么说的？在超市里

你看到了哪些东西？买东西需要付钱吗？在哪里付？付给谁？等等。了解去超市购买东西的程序和方法。同时密切与家长的合作，通过一些亲子活动来丰富幼儿的关键经验。如通过亲子阅读、亲子绘画等活动，引导幼儿加深对周围生活的体验和理解。

二、角色游戏的环境创设

角色游戏环境创设首先要在尊重和满足幼儿情感需要的基础上，创设一个开放、安全的心理环境，让幼儿在游戏中成为真正的主人。

其次，要有足够的空间让幼儿扮演角色，表现场景。角色游戏区域的空间一般以能够容纳4~6名幼儿游戏为宜。空间太小，幼儿无法施展游戏动作和行为，有时还会因为空间狭小导致幼儿之间发生碰撞和冲突；空间太大，容易引起幼儿之间的追逐打闹。在场地选择上，需要考虑动静区域的问题，角色游戏因为比较喧闹，需要远离阅读区等静区，并与其他相联系的区域毗邻。在场地布局上，尽可能规划成三面有边界的区域，可以利用摆放游戏材料的储物柜或者大积木、小屏风等进行隔断（见图1-4）。在区域内还可以根据不同的主题，摆放相关的材料和玩具（见图1-5）。比如，在小吃店的游戏中，可以摆放煤气灶、微波炉、锅、碗、碟子、筷子和勺子等。此外还要准备一些反映角色特征的服饰、围裙或小标志，使角色更加形象逼真，也让幼儿牢记自己扮演的角色的身份和职责。

图1-4　角色游戏环境创设

图1-5　角色游戏材料投放

学前儿童游戏

知识点 1.4 各年龄班幼儿角色游戏的特点与材料投放和指导要点

年龄班	特点	材料投放要点	指导要点
小班	1. 处于独自游戏、平行游戏的高峰期。游戏的主题单一或者没有主题，情节简单； 2. 角色意识差，喜欢模仿成人的动作，重复操作，摆弄玩具； 3. 游戏时比较依赖玩具，同伴间相互交流少； 4. 规则意识不强，游戏习惯需要培养； 5. 游戏评价能力欠佳	1. 提供种类少、数量多的同种材料； 2. 以主题形象鲜明、材质安全的成品玩具为主； 3. 提供与幼儿日常生活密切相关的逼真的玩具	1. 可根据幼儿的游戏经验预设与自己日常生活密切相关的主题； 2. 在角色分配时，教师可以根据幼儿的想法为幼儿提供帮助；用平行介入法指导幼儿游戏，为角色游戏经验薄弱的小班幼儿提供模仿的对象，也可以交叉介入，以扮演游戏中角色的方式进行指导； 3. 鼓励幼儿在游戏中与他人多交流、多合作； 4. 在游戏中，注意规则结束游戏。在保证最少30分钟的游戏时间之后，让幼儿愉快地结束游戏，培养幼儿的游戏兴趣，以教师为主，引导幼儿学习整理游戏材料，养成良好的游戏习惯； 5. 多采用简单回答的方式询问幼儿，让幼儿说出自己游戏中的体验，也可简单评价其他幼儿，丰富游戏经验
中班	1. 处于联合游戏阶段，游戏主题丰富，但不够稳定，游戏情节比较丰富； 2. 角色意识增强，能按自己选定的角色开展游戏； 3. 同伴交往能力有进一步发展，但交往技能缺乏，会常与同伴发生纠纷； 4. 具有初步的规则意识； 5. 在教师的引导下，可简单独立评价游戏	1. 增加玩具和材料的种类； 2. 减少成品玩具的数量，适量提供替代材料； 3. 增加半成品及废旧物品自制玩具	1. 引导幼儿拓展游戏主题，设计游戏情节。在观察幼儿游戏的基础上，可以通过一些促进游戏发展的边缘角色，进一步丰富游戏主题和情节； 2. 教会幼儿通过协商、轮流、等待或者竞争的方式分配角色； 3. 游戏时，注意观察幼儿游戏纠纷发生的原因，引导幼儿在游戏中学会简单解决问题的方法，教师只在必要时给予帮助，提高社会交往能力； 4. 引导幼儿整理玩具； 5. 引导幼儿在讲评游戏环节分享游戏经验，提高游戏水平

22

续表

年龄班	特点	材料投放要点	指导要点
大班	1. 处于联合游戏、合作游戏阶段；游戏主题新颖多样，游戏情节更加丰富； 2. 游戏的计划性和独立性增强，角色扮演逼真，能反映角色的主要内容、社会职责及角色间较为复杂的关系； 3. 社会交往能力提高，在游戏中遇到纠纷也可通过协商自行解决； 4. 规则意识较强，游戏中的纠纷集中在角色行为的"合理性"上； 5. 可独立评价游戏，发表自己的观点	1. 提供丰富多彩的游戏材料品种，同类玩具数量减少； 2. 以非成品化玩具为主； 3. 鼓励幼儿多使用替代材料	1. 游戏前可引导幼儿一起准备游戏环境，游戏中教师多用建议、询问等语言指导，避免过多介入； 2. 鼓励幼儿通过深层次的交流，独立决定游戏主题和情节，提高幼儿独立开展游戏的能力，培养幼儿的自主性； 3. 关注幼儿在游戏中的合作程度，鼓励幼儿进行更多、更深入的合作行为； 4. 在幼儿具备较好的角色行为基础上，鼓励幼儿在游戏中进行创造，培养幼儿的创造力； 5. 鼓励幼儿独立整理玩具； 6. 游戏结束后，通过多种形式开展游戏讲评，让幼儿在分享中取长补短，拓展思路，培养幼儿分析问题、评价游戏的能力

项目一 角色游戏

知识点 1.5 游戏介入的时机与方法

一、游戏介入的时机

虽然在游戏中要充分体现幼儿的主体性、创造性，不要轻易介入，但是由于幼儿年龄较小，经验不足，往往在游戏中会出现各种各样的问题，严重的会出现攻击性行为。这时则需要教师及时介入，进行正确指导。教师应该在什么情况下介入呢？

1. 当幼儿游戏出现困难时

孩子会在游戏中遇到各种困难，比如年龄小的幼儿，不知道怎么玩，会出现游离游戏之外、无所事事的情况，此时老师需要及时介入，提供各种材料，唤起幼儿的游戏兴趣。

2. 在游戏内容发展或技巧方面发生困难时

当游戏太过于复杂，在游戏内容发展或技巧方面超出了幼儿的最近发展区，会让幼儿自信心受挫，失去兴趣，甚至想放弃游戏，此时老师需要及时介入，帮助幼儿拓展经验，一起解决游戏中的问题。

3. 当游戏秩序和行为存在危险时

当幼儿在游戏中出现过激行为或攻击性行为，如争抢玩具、推搡、打人，或者出现有违反社会规范的言行，如骂脏话、搞封建迷信等，或者在游戏中出现存在明显的安全隐患，容易使自己和别人受伤的行为，如使用明火、互相扬沙等情况时，教师要及时进行制止和教育。

4. 当幼儿主动寻求帮助，或者主动邀请老师时

当孩子遇到困难主动求助时，教师应适时介入，提供指导并帮助提高其独立解决问题的能力。若幼儿邀请教师加入游戏，教师可以借此机会深入了解孩子的游戏情况，加强师幼间的情感交流，同时促进幼儿的社会性发展。

二、游戏介入的方法

教师可通过以游戏者身份或借助游戏材料的方式介入游戏，具体介入方法见表1-9。

表1-9 游戏介入的方法

介入方式	介入方法	具体操作
以游戏者身份介入	平行介入法	教师靠近幼儿，和幼儿玩相同的游戏或游戏材料，但不与幼儿发生互动，引导幼儿模仿其行为
	交叉介入法	教师采用扮演游戏中的某个角色的方法进入游戏，通过符合游戏中角色的语言或行为，指导幼儿游戏
	垂直介入法	当游戏秩序和行为存在危险时，教师直接介入，进行干预
借助游戏材料介入	—	根据幼儿的游戏需求，为幼儿提供材料，激发幼儿的游戏兴趣，提高幼儿的游戏水平

知识点 1.6　游戏观察与评价

一、游戏观察的内容

教师对幼儿游戏的观察通常包括以下 5 个方面。

1. 游戏主题

在自主游戏中，观察幼儿喜欢的游戏主题，了解幼儿的兴趣和喜好，可以更好地为幼儿提供环境和材料。

2. 游戏环境

观察游戏物质环境是否安全、卫生、舒适，同时观察是否营造了愉悦温馨的、适宜游戏开展的精神氛围。

3. 游戏材料

观察游戏材料投放数量、种类是否充足，材料投放的层次性是否合适，以便教师及时调整游戏材料，满足儿童游戏需求。

4. 游戏情节

观察游戏情节能否反映日常生活经验，游戏情节是否单一重复，以了解幼儿已有的知识经验水平，为后续的游戏奠定基础。

5. 游戏行为

观察幼儿在游戏中的行为能力与表现是游戏观察最重要的部分。通过观察幼儿在认知、社会性、身体动作、积极情感等各方面的表现，可以判断幼儿的游戏水平以及各方面的发展状况。

二、游戏观察的方法

1. 扫描观察法

扫描观察法指观察者在相等的时间段里对观察对象依次轮流进行观察。扫描观察法通常在了解全班幼儿游戏情况时使用，在游戏开始或者结束阶段运用较多。通过此观察法，可以了解幼儿喜欢的游戏主题、游戏材料使用情况等。观察结果可以参照游戏观察记录表（见表 1-10）进行记录。

表 1-10　游戏观察记录表

姓名	主题			
	娃娃家	超市	医院	……
幼儿 1	√			
幼儿 2		√		
……				

2. 定点观察法

定点观察法指观察者在某一固定游戏区域进行观察。定点观察法通常在了解某主题或区域幼儿游戏的全过程情况时使用，以便把握幼儿游戏的兴趣、水平、特点和个体差异等。可以参照实况记录表（1）（见表1-11）进行记录。

表1-11 实况记录表（1）

观察日期：2022.3.8	观察者：李老师
游戏主题：甜品屋	幼儿人数：6
游戏实况记录： 　　甜品屋开门了，桌子上放满了琳琅满目的蛋糕，在营业员1忙着把蛋糕排列整齐的时候，店铺前面一下子就挤上来好多人。一开始大家还在排队，后来就乱成一团了。营业员2赶紧跑出来，大声说："不要挤，不要挤，要排队才能买到甜品！"大家刚刚安静了一下，又开始相互推搡起来。营业员2很生气，开始训斥顾客："你们怎么又开始挤来挤去的？不排队就不卖给你们哦。"	

3. 追踪观察法

追踪观察法指观察者确定好特定的观察对象，固定人而不固定地点。追踪观察法通常在了解个别儿童在游戏中的发展水平时使用。观察者在自由游戏情景中观察幼儿真实的全游戏状态。可以参照实况记录表（2）（见表1-12）进行记录。

表1-12 实况记录表（2）

观察日期：2021.5.8	观察者：王老师
观察地点：建构游戏区	观察对象：浩浩
游戏实况记录： 　　浩浩在储物柜前站了一会儿，分别从三个盒子里面拿了一些大小不一的积木和雪花片放在桌子上。一边苦想，一边自言自语："两个长的，两个短的。"然后搭出了一个长方体。之后又拿出同样的四块积木，搭成了两层。接着把雪花片插在一起放在了两层积木上面，看了一会儿，大声说："老师，你看我搭了一个城堡。"我十分高兴地赞扬了他。	

三、游戏评价

游戏的评价主要包括两个方面：对幼儿游戏行为本身的评价和对教师游戏组织与指导水平的评价。

1. 评价幼儿游戏行为

根据对幼儿游戏的观察，包括幼儿在游戏中的兴趣偏好、关键经验水平、同伴互动、游戏材料的使用、游戏持续时间等情况，可以对幼儿游戏行为进行评价，得出幼儿在身体、认知、社会性和情感等方面的发展水平。评价内容涉及很多方面，不同类型的游戏评价会在不同工作任务中呈现。

2. 评价教师的游戏组织与指导水平

首先，要看教师是否为幼儿提供了良好的物质环境和精神环境，是否引导和促进了幼儿与物质环境相互作用，是否激发了幼儿的游戏兴趣。

其次，评价教师在游戏指导中的整体表现，包括：如何依据游戏目标引导游戏过程？如何根据年龄特点选择指导方式？如何针对共性和个性确定指导范围？等等。

岗课赛证"加油站"

一、教师资格证相关考点

1. 请扫描二维码，阅读资料1-4，了解游戏的基本特点，并进行简述。

_____
_____
_____
_____
_____

资料1-4

2. 请扫描二维码，阅读资料1-5，掌握游戏的分类，完成以下思维导图，并举例说明每种游戏。

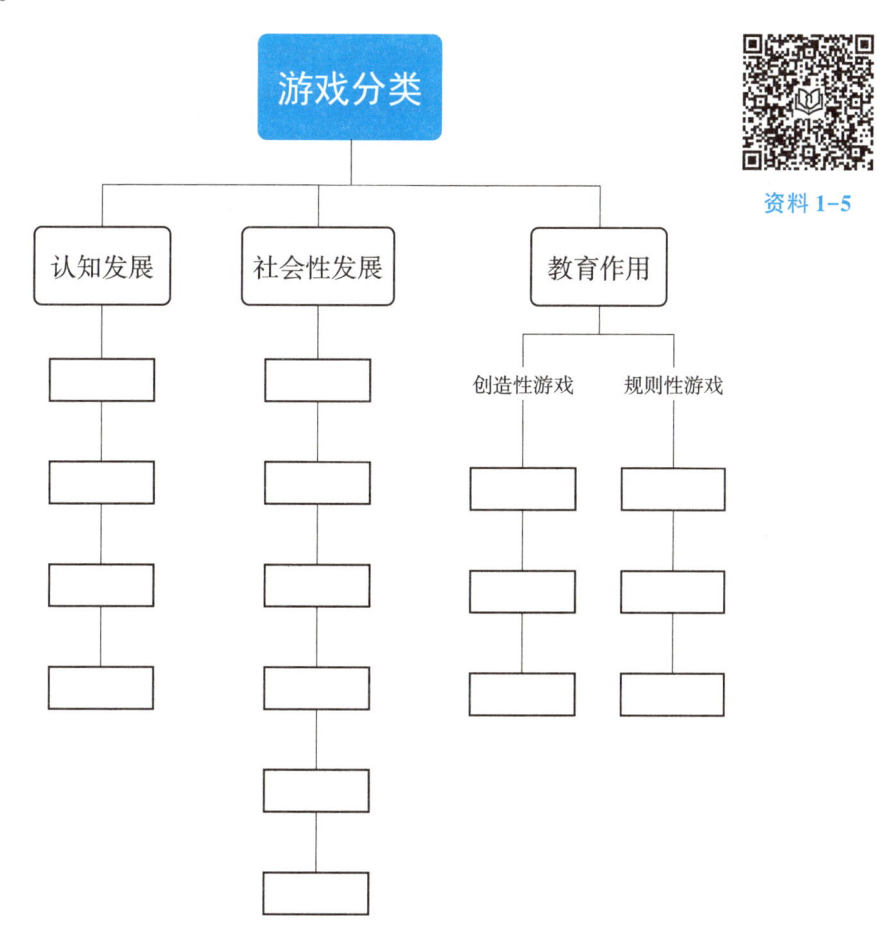

资料1-5

游戏分类
- 认知发展
- 社会性发展
- 教育作用
  - 创造性游戏
  - 规则性游戏

27

二、教师资格证真题

【单选题】

1. 幼儿反复敲打桌子，在房间里跑来跑去，在椅子上摇来摇去，这类游戏属于（　　）。

　　A. 结构游戏　　　　B. 象征性游戏　　　C. 机能性游戏　　　D. 规则游戏

2. 儿童拿一竹竿当马骑，竹竿在游戏中属于（　　）。

　　A. 表演性符号　　　B. 工具性符号　　　C. 规则性符号　　　D. 象征性符号

3. 儿童最早玩的游戏类型是（　　）。

　　A. 练习游戏　　　　B. 规则游戏　　　　C. 象征性游戏　　　D. 建构游戏

4. 下列玩具，不是从功能角度分类的是（　　）。

　　A. 运动性玩具　　　B. 建构玩具　　　　C. 益智玩具　　　　D. 传统玩具

5. 智力游戏、体育游戏和音乐游戏是（　　）。

　　A. 创造性游戏　　　B. 有规则游戏　　　C. 表演游戏　　　　D. 个人游戏

6. 小班同一个"娃娃家"中，常常出现许多"妈妈"在烧饭，每位幼儿都感到很满足。这反映小班幼儿游戏行为特点是（　　）。

　　A. 喜欢模仿　　　　B. 喜欢合作　　　　C. 协调能力差　　　D. 角色意识弱

7. 梅梅和芳芳在娃娃家玩，俊俊走过来说："我想吃点东西。"芳芳说："我们正忙呢！"俊俊说："我来当爸爸炒点菜吧！"芳芳看了看梅梅，说："好吧，你来吧！"从俊俊的社会性发展来看，下列哪一选项最贴近他的最近发展区？（　　）

　　A. 能够找到一个自己喜欢的玩伴

　　B. 开始使用一定的策略成功加入游戏小组

　　C. 在4~5名幼儿的角色游戏中进行合作性互动

　　D. 能够在角色游戏中讨论装扮的角色行为

【材料分析题】

1. 材料：

大班的洋洋想玩"开奖"游戏，他画了很多奖券，还大声叫嚷："快来摸奖呀！特等奖自行车一辆！"童童在洋洋那里摸到了特等奖，洋洋推给她一把小椅子，告诉她："给你，自行车！"童童高兴地骑上去。强强也来了，也在洋洋那里摸到了特等奖，洋洋还是推给他一把椅子，强强很高兴地骑上去，两脚模仿着踩踏板的动作，蹬个不停。老师也来了，洋洋高兴地让老师摸奖，结果老师也摸到一个特等奖。洋洋迫不及待地把一把椅子推给老师，还说道："恭喜恭喜，你摸到一辆自行车！"可是，老师却说："你这自行车一点也不像，怎么没有轮子呀，应该给它装上轮子！"洋洋低头看看自己的"自行车"，愣住了。在接下来的时间里，洋洋忙着按老师说的给他的"自行车"装上轮子，开奖活动不得不停了下来……

问题：

（1）老师对洋洋游戏的干预合适吗？

（2）请对洋洋的游戏方式和老师的干预方式作出分析和判断。

2. **材料**：

中班角色游戏中，有幼儿提出要玩"打仗"游戏。他们在材料柜里翻出好久不玩的玩具吹风机当"手枪"，仿真型灯箱当"大炮"，"哒哒哒"地打起来，玩得不亦乐乎。李老师看见此情境非常着急，连忙阻止："这是理发店的玩具，不能这么玩。"

问题：

（1）李老师的行为合适吗？说明理由。

（2）如果你是李老师，你怎么做？

工作步骤参考建议　　　岗课赛证参考答案

评价反思

目标	项目要求		评分细则	分值	自评分值	小组评分	教师评分
素养	纪律情况	按时出勤	迟到、早退各出现一次扣2分，旷课一次扣5分	10分			
		积极思考，回答问题	根据平台统计分数折算*	10分			
	职业道德	具有科学的游戏观、儿童观和创新意识	能完全根据幼儿的意愿开展游戏活动，游戏指导中有创新意识得10分，其余视情况得3~8分	10分			
知识	识读任务书	了解角色游戏的概念和特点	全部阐述清楚得10分，大部分阐述清楚得6分，其余视情况得1~5分	10分			
		掌握角色游戏环境创设和材料投放要点	全部阐述清楚得10分，大部分阐述清楚得6分，其余视情况得1~5分	10分			
		了解角色游戏观察和记录的方法和内容	全部阐述清楚得5分，部分阐述得3分，其余不得分	5分			
技能	角色游戏的组织与实施	游戏前的准备	完全按照年龄阶段特点进行经验准备、完成游戏环境创设和材料投放得10分，部分按照得6分，其余视情况得1~5分	10分			
		游戏中的指导	完全按照年龄特点，用合理的方式进行游戏指导得10分，部分按照得6分，其余视情况得1~5分	10分			
		游戏后的指导	能够通过适当的方式进行游戏讲评得5分，方法一般得3分，其余不得分	5分			
		观察和评价角色游戏	能够采用恰当的方式进行游戏的观察和评价得10分，方法一般得6分，其余视情况得1~5分	10分			
任务书完成情况	按时保质完成任务书	按时提交	按时提交得5分，其余不得分	5分			
		书写整齐	字迹工整得2分，其余不得分	2分			
		有独到的见解	视情况得1~3分	3分			
合计				100分			
权重	自评20%，小组评分30%，教师50%						

＊本课程对应学银平台课程为国家级精品在线开放课程，已面向全国学习者免费开放，评价在该课程平台中可以实现。课程平台网址：https://www.xueyinonline.com/detail/236528711.

项目二 结构游戏

一、学习目标

知识目标：了解结构游戏的概念和特点；理解结构游戏对幼儿发展的意义；掌握不同年龄段幼儿结构游戏的特点。

能力目标：具备根据年龄特点规划和指导结构游戏的能力；能够对结构游戏进行观察与评价。

素质目标：逐步具备科学的游戏观、儿童观和创新意识；愿意开展幼儿结构游戏；具备开展结构游戏的基本素质。

二、学时分配

本项目学时分配见表 2-1。

表 2-1 学时分配计划

项目二	任务一	任务二	任务三
计划时数	4	2	2

三、项目介绍

本项目包括3个任务：小班结构游戏"造房子"组织与实施、中班结构游戏"立交桥"组织与实施、大班结构游戏"游乐园"组织与实施。依据幼儿园结构游戏活动的组织与实施要求，每个任务都需要按照结构游戏组织与实施任务书（见表2-2）中的工作步骤来完成。

表 2-2　结构游戏组织与实施任务书

工作步骤 （学习步骤）	工作内容 （学习活动）	工作要求 （学习要求）	备注
步骤一	游戏目标设定	情感目标 知识目标 能力目标	
步骤二	游戏前的准备	经验准备 环境创设	
步骤三	游戏中的指导 （预设情景）	游戏导入 预设情景	
步骤四	游戏后的指导	愉快结束游戏 整理玩具材料 组织讨论游戏	
步骤五	游戏评价	完成观察与记录表 完成结构游戏评价表	

任务一　小班结构游戏"造房子"组织与实施

任务情境

对于小二班的孩子来说,玩结构游戏是一件很新鲜的事情。他们每次来到结构游戏区域时,都会把所有积木拿出来散乱地堆放在地上,很少有孩子会真正用积木进行搭建。这天,文文想用积木搭建一个属于自己的房子,却怎样都搭不好。于是她向老师求助:"老师,我想搭一个漂亮的房子,但是我的房子总是会倒!"你发现这种情况后,打算与幼儿共同探索搭积木的方法,并以简单又贴近小班幼儿生活的"造房子"为主题开展结构游戏(见图2-1)。

为了完成这个工作任务,你需要按照结构游戏组织与实施任务书(见表2-2)中的工作步骤完成所有工作内容。

图2-1　结构游戏"造房子"

学习活动一　游戏目标设定

一、识读任务

1. 请参考阅读知识点2.1,回答:什么是结构游戏?结构游戏有什么特点?

_____
_____
_____

2. 为了设定本游戏目标,请你先阅读知识点2.2,简要回答:结构游戏能够促进幼儿哪些方面的发展?并举例说明。

_____
_____
_____

二、完成工作步骤一

请扫描二维码,阅读资料2-1,回顾游戏目标设定的原则,并阅读游戏案例2-1及资料2-2,参考"小班结构游戏目标设定",进行小组讨论,共同制定"造房子"结构游戏的活动目标。

资料 2-1　　　　游戏案例 2-1　　　　资料 2-2

情感目标：

知识目标：

能力目标：

学习活动二　游戏前的准备

一、识读任务

1. 请阅读知识点 2.3，回答：结构游戏的材料可以分为哪几类？

二、完成工作步骤二

1. 结合本游戏"造房子"的主题和小班的年龄特点，进行小组讨论：你们会选用哪种积木？用什么具体的方式在本游戏前丰富幼儿关键经验？

2. 请参考知识点 2.4，讨论：如何进行本游戏的环境规划？并画出环境规划示意图。

环境规划示意图

3. 请参考知识点 2.6，讨论：如何进行本游戏的材料投放？

小型积木	大型积木	积塑	娃娃	房子照片
是否选用（　） 数量（　　）	是否选用（　） 数量（　　）	是否选用（　） 数量（　　）	是否选用（　） 数量（　　）	是否选用（　） 数量（　　）

其他材料：
_____
_____
_____

学习活动三　游戏中的指导

一、识读任务

1. 请阅读知识点 2.5 和知识点 2.6，回答：小班幼儿主要的搭建技能是什么？你会采取怎样的方式进行游戏指导？
_____
_____

二、完成工作步骤三

1. 请针对小班结构游戏"造房子"的游戏主题和小班的年龄特点，进行小组讨论：如何导入游戏？
_____
_____
_____

项目二　结构游戏

35

2. 预设情景一：

婷婷开始"造房子"的结构游戏。她把积木一层一层堆积起来，堆了四五层后，自言自语地说："汽车搭好了！"于是她开始反复摆弄剩余的积木，不再继续搭建了。

针对情景一，小组讨论：你们应该如何指导？

学习活动四　游戏后的指导

一、识读任务

1. 小组讨论：结构游戏结束后，可以对幼儿进行哪些指导？对幼儿的游戏能力发展有什么意义？

二、完成工作步骤四

1. 你会如何组织小班幼儿整理"造房子"游戏的玩具材料？

2. 在组织小班幼儿进行"造房子"游戏讲评和讨论时，你会采用什么方法或者通过问哪些问题鼓励幼儿一起参与讨论评价？

学习活动五 游戏评价

完成工作步骤五

1. 扫码观看视频 2-1，观察游戏中的情景，完成轶事记录表（见表 2-3）。

视频 2-1

表 2-3 轶事记录表

观察者：	观察对象：
观察时间：	观察地点：
事件描述：（视频）	

2. 根据轶事记录表（见表 2-3），完成结构游戏评价表（见表 2-4）。

表 2-4 结构游戏评价表

评价要点	评价内容	评价选项			
		非常符合	比较符合	一般符合	不符合
建构主题	主题明确，有计划性				
	乐于参与游戏，有一定的坚持性				
选择材料	对建构材料的特点有一定的认识				
	能根据不同的建构内容选用合适的材料				
建构技能	能运用合适的建构技能搭建作品				
	所搭建作品造型美观，有一定的创造力				
规则意识	尊重游戏规则，愿意与他人协商游戏规则				
	能整理收纳游戏材料				
社会性	尊重他人的意见，能与同伴合作搭建				
	愿意与他人分享自己的作品，并学会欣赏他人作品				

37

任务二 中班结构游戏"立交桥"组织与实施

任务情境

本月中一班的主题为"交通工具",很多幼儿在结构游戏区域搭起了"马路"。每个人都想把"马路"搭建得很长,但场地有限,导致经常出现磕磕碰碰。比如,红红今天好不容易搭建起来的"四车道高速公路"就被路过的浩浩不小心弄坏了,到了游戏结束时也没能把作品复原……你发现了这一现象,询问红红和浩浩:"城市里的道路太拥挤了,你们能想想办法吗?"浩浩说:"我们可以搭建立交桥呀!"你欣然接受了这个提议,准备以"立交桥"为主题与幼儿共同进行结构游戏(见图2-2)。

图2-2 结构游戏"立交桥"

为了完成这个工作任务,你需要按照结构游戏组织与实施任务书(见表2-2)中的工作步骤完成所有工作内容。

学习活动一 游戏目标设定

完成工作步骤一

请扫码阅读资料2-1,回顾游戏目标设定的原则,并阅读游戏案例2-1及资料2-2,参考"中班结构游戏目标设定",通过小组讨论,共同制定"立交桥"结构游戏的活动目标。

资料2-1　　　　游戏案例2-1　　　　资料2-2

情感目标:

知识目标:

能力目标:

学习活动二　游戏前的准备

完成工作步骤二

1. 结合本游戏"立交桥"的主题和中班的年龄特点，小组讨论：你们会选用哪种积木？用什么具体的方式在本游戏前丰富幼儿关键经验？

_____
_____
_____
_____

2. 请回顾知识点 2.4，讨论：如何进行本游戏的环境规划？并画出环境规划示意图。

环境规划示意图

┌──┐
│   │
│   │
│   │
│   │
│   │
│   │
│   │
└──┘

3. 请回顾知识点 2.6，讨论：如何进行本游戏的材料投放？

积塑	大型积木	玩具小车	交通标志	立交桥照片
是否选用（　）	是否选用（　）	是否选用（　）	是否选用（　）	是否选用（　）
数量（　）	数量（　）	数量（　）	数量（　）	数量（　）

其他材料：
_____
_____

项目二　结构游戏

39

学习活动三　游戏中的指导

完成工作步骤三

1. 请针对中班结构游戏"立交桥"的游戏主题和中班的年龄特点，小组讨论：如何导入游戏？

2. 预设情景一：

浩浩和阳阳正在搭建"立交桥"，当他们在搭建桥面的时候产生了分歧：浩浩认为立交桥的桥面可以是圆形的，因此可以选择圆形积木；而阳阳则认为桥面只能是长方形的，不能用圆形积木。两人争执不下，结构游戏也陷入了停滞。

针对情景一，小组讨论：你们应该如何指导？

3. 预设情景二：

红红和明明早在游戏开始前就商量好要搭一个"南浦大桥"，进入结构室后，他们迫不及待地来到大型积木区域进行搭建。搭了一段时间后，大桥有了雏形，红红问："你知道后面怎么搭吗？"明明说："桥都是差不多的，拿一点长方形积木盖上去就行了。"结果，两人搭建出的大桥并不像"南浦大桥"。

针对情景二，小组讨论：你们应该如何指导？

学习活动四　游戏后的指导

完成工作步骤四

1. 你会如何组织中班幼儿整理"立交桥"游戏的玩具材料？

2. 在组织中班幼儿进行"立交桥"游戏讲评和讨论时,你会采用什么方法或者通过问哪些问题鼓励幼儿一起参与讨论评价?

_____
_____
_____

学习活动五　游戏评价

完成工作步骤五

1. 扫码观看视频 2-2,观察游戏中的情景,完成轶事记录表(见表 2-5)。

视频 2-2

表 2-5　轶事记录表

观察者:	观察对象:
观察时间:	观察地点:
事件描述:(视频)	

2. 根据轶事记录表(见表 2-5),完成结构游戏评价表(见表 2-6)。

表 2-6　结构游戏评价表

评价要点	评价内容	评价选项			
		非常符合	比较符合	一般符合	不符合
建构主题	主题明确,有计划性				
	乐于参与游戏,有一定的坚持性				
选择材料	对建构材料的特点有一定的认识				
	能根据不同的建构内容选用合适的材料				
建构技能	能运用合适的建构技能搭建作品				
	所搭建作品造型美观,有一定的创造力				
规则意识	尊重游戏规则,愿意与他人协商游戏规则				
	能整理收纳游戏材料				
社会性	尊重他人的意见,能与同伴合作搭建				
	愿意与他人分享自己的作品,并学会欣赏他人作品				

任务三　大班结构游戏"游乐园"组织与实施

任务情境

大三班本学期的春游地点是游乐园。春游结束后，很多孩子在结构游戏区域自发地搭建起了游乐园里的各种设施。经过一段时间的观察后，你发现他们主要用大型积木搭建各种设施，这导致一些作品的细节很难呈现。比如，在今天的游戏分享中，对于小宝搭建的"滑滑梯"，乐乐就提出疑问："滑下去的地方断开了，一点儿也不像。"这个问题引起了幼儿的激烈讨论，最终大家都认为结构室里的材料不足以搭出能"滑下去"的作品，应该收集更多的材料来完善游戏。于是，由幼儿发起的"游乐园"主题建构游戏开始了（见图2-3）……

图2-3　结构游戏"立交桥"

为了完成这个工作任务，你需要按照结构游戏组织与实施任务书（见表2-2）中的工作步骤完成所有工作内容。

学习活动一　游戏目标设定

完成工作步骤一

请扫描二维码，阅读资料2-1，回顾游戏目标设定的原则，并阅读游戏案例2-1及资料2-2，参考"大班结构游戏目标设定"，通过小组讨论，共同制定"游乐园"结构游戏的活动目标。

资料2-1　　　游戏案例2-1　　　资料2-2

情感目标：

知识目标：

能力目标：

_____

_____

学习活动二　游戏前的准备

完成工作步骤二

1. 结合本游戏"游乐园"的主题和大班的年龄特点，小组讨论：你们会选用哪种积木？用什么具体的方式在本游戏前丰富幼儿关键经验？

_____

_____

_____

_____

2. 回顾知识点2.4，讨论：如何进行本游戏的环境规划？并画出环境规划示意图。

环境规划示意图

3. 请回顾知识点2.6，讨论：如何进行本游戏的材料投放？

大型积木	纸筒	饮料瓶	网	游乐园照片
是否选用（　） 数量（　　）	是否选用（　） 数量（　　）	是否选用（　） 数量（　　）	是否选用（　） 数量（　　）	是否选用（　） 数量（　　）

其他材料：

_____

_____

项目二　结构游戏

学习活动三　游戏中的指导

完成工作步骤三

1. 请针对大班结构游戏"游乐园"的游戏主题和大班的年龄特点，进行小组讨论：如何导入游戏？

_____
_____
_____
_____
_____

2. 预设情景一：

小宝今天和几个小伙伴一起搭建游乐园里的"钓金鱼游戏区"。他们一起用大积木铺好了"水池"，用小积木代替"金鱼"，还用管道积木制作了"钓鱼竿"。搭建完成后，很多其他小朋友也想来玩钓鱼游戏，但当他们准备玩的时候，却发现提供的材料根本不能把鱼"钓起来"。

针对情景一，小组讨论：你们应该如何指导？

_____
_____
_____
_____
_____

3. 预设情景二：

俊俊是个比较聪明的孩子，但不擅长与人交往。在今天的结构游戏中，他自己一个人完成了"海盗船游戏区"，并且几次跑来向老师展示自己的作品，可以看出他对自己的作品非常满意。在游戏后的分享讨论中，每当其他小组介绍自己的作品时，他总是不屑一顾，对他人的作品吹毛求疵，但当轮到他介绍时，却又开始支支吾吾……

针对情景二，小组讨论：你们应该如何指导？

_____
_____
_____
_____
_____

4. 预设情景三：（根据游戏中可能会出现的场景，自行设计情景三）

针对情景三，小组讨论：你们应该如何指导？

学习活动四　游戏后的指导

完成工作步骤四

1. 你会如何组织大班幼儿整理"游乐园"游戏的玩具材料？

2. 在组织大班幼儿进行"游乐园"游戏讲评和讨论时，你会采用什么方法或者通过问哪些问题鼓励幼儿一起参与讨论评价？

学习活动五　游戏评价

视频 2-3

完成工作步骤五

1. 扫码观看视频 2-3，观察游戏中的情景，完成轶事记录表（见表 2-7）。

表 2-7　轶事记录表

观察者：	观察对象：
观察时间：	观察地点：
事件描述：（视频）	

2. 根据轶事记录表（见表2-7），完成结构游戏评价表（见表2-8）。

表 2-8　结构游戏评价表

评价要点	评价内容	评价选项			
		非常符合	比较符合	一般符合	不符合
建构主题	主题明确，有计划性				
	乐于参与游戏，有一定的坚持性				
选择材料	对建构材料的特点有一定的认识				
	能根据不同的建构内容选用合适的材料				
建构技能	能运用合适的建构技能搭建作品				
	所搭建作品造型美观，有一定的创造力				
规则意识	尊重游戏规则，愿意与他人协商游戏规则				
	能整理收纳游戏材料				
社会性	尊重他人的意见，能与同伴合作搭建				
	愿意与他人分享自己的作品，并学会欣赏他人作品				

项目知识点

知识点 2.1 结构游戏概述

一、结构游戏的概念

结构游戏是幼儿使用各种建筑、结构材料（如积木、积塑、沙、雪、金属材料等），进行建筑、构造造型的游戏，又称建构游戏，是创造性游戏的一种。结构游戏是幼儿创造性地反映周围生活的一种游戏形式，在结构游戏中，幼儿既可以表现现实生活中的各种物体形态，又可以将自己思维中想象的物体具体化。

二、结构游戏的特点

1. 操作性

操作性是结构游戏的显著特点。结构游戏必须在幼儿的自由操作中才能发挥作用，一旦离开了幼儿的具体操作，丰富的材料将会毫无用处。

2. 创造性

结构游戏的材料是由各种单一的零件组成的，与形象玩具不同的是，当它处于无结构状态时，只表现为一个个单一的材料，如一片雪花插片、一块积木。只有通过活动中的构造，结构材料才会产生出千变万化的形象。多变与多样性的特点使结构游戏具有丰富的表现力，为幼儿提供了创造想象的广阔天地。

3. 综合性

结构游戏是幼儿运用结构材料将头脑中关于某种结构的表象表现出来的游戏。在操作结构材料进行建构的过程中，幼儿不仅需要运用各种动作技能，如大肌肉、小肌肉动作，手眼协调，还需要运用到对正在建构的物体结构的空间认知以及象征能力。由此可见，结构游戏反映了幼儿的空间知觉、象征能力与动作技能等综合能力的发展。

知识点 2.2 结构游戏与幼儿发展

一、结构游戏与儿童认知能力发展的关系

多种材质的结构游戏材料有助于锻炼幼儿手眼协调、手的精细动作和大肌肉活动的协调能力，同时在搬运重物时，幼儿可体验其身体重心的变化并锻炼其携物行走的能力。

单元积木中的长方体积木与其他积木存在着一定的数学关系，如正方体积木是长方体积木体积的一半（二等分），所以积木是幼儿学习数学的理想材料。游戏中，幼儿可以感知形状、长度、高度、面积、角等基本的数学概念；搭建过程中，幼儿可以体验到空间关系（里面和外面、上面和下面、前面和后面等），数量的概念和数量关系，以及分类、排序、配对、测量、模式等数学概念。

结构材料种类多样，幼儿在接触各种结构材料时能对物体的基本物理特征、结构和

性能等有一个基本的感知；当幼儿提出"怎样才能把大楼搭得更高，并且不倒？"这样的问题时，幼儿已经在初步认识和体会力的相互作用，尝试与探索保持物体平衡和稳定的办法；如果幼儿提出"接下来会发生什么事情？"的问题时，幼儿就在进行科学活动中的实验、发现与归纳的体验。

二、结构游戏与儿童社会学习的关系

结构游戏是指幼儿通过想象，反映周围生活面貌特征或心中遐想世界的一种活动。在这个活动中，幼儿可以创造一个属于自己的社会生活环境。在这之前，幼儿需要了解自己的生活环境，需要了解他人、了解社会、了解自己与他人和社会的各种关系，游戏活动中则蕴含了让幼儿体验社会规则及发展交往技能的多种机会。如游戏中，幼儿需遵守人数限制，学习尊重他人的劳动，当因材料及空间不足发生冲突时，幼儿需学习合作、分享、轮流等交往技能。结构游戏活动有助于逐步丰富和加深幼儿对周围社会环境和生活的认识，理解社会规则的意义。

三、结构游戏与儿童审美能力发展的关系

结构游戏是幼儿创造性地再现现实生活物体的活动。在这种活动中，幼儿既需要充分地感受与欣赏成人世界的审美传统，也需要通过想象，创造性地表现自己的审美观点。幼儿在欣赏建构作品中感受美，在评价作品中提高感受美的能力。结构游戏激发了幼儿自由表现美的欲望，在这种内动力驱使下，幼儿能够构建出更美的、更能体现出自己愿望和情感的作品，从而使表现美的能力也得到提高。

知识点 2.3　结构游戏的材料分类

结构游戏的材料丰富多样，包括积木、积塑、雪花片等专门的材料，泥、沙、雪等自然结构材料，瓶子、纸盒等废旧材料和半成品的结构材料。儿童用各种不同的结构材料进行游戏，如拼图、积木、手工等。根据使用的材料不同，结构游戏可分为以下几类。

一、积木建筑游戏

积木建筑游戏是用各种积木或其他代替品作为游戏材料进行的结构游戏（见图2-4）。积木的样式很多，包括大、中、小不同的尺寸，也有实心、空心之分。这种积木游戏在幼儿园开展较早，也较为普遍。

图2-4　积木建筑游戏

二、积塑结构游戏

积塑结构游戏是用塑料制作的各种形状的片、块、粒、棒等部件，通过接插、镶嵌组成各种物体或建筑物模型的游戏（见图2-5）。

图 2-5　积塑结构游戏

三、拼棒游戏

拼棒游戏是用火柴杆、塑料管、冰棒棍或用糖纸搓成的纸棒等作为游戏材料，拼出各种图形的一种游戏（见图2-6）。

图 2-6　拼棒游戏

四、拼图拼板游戏

拼图拼板游戏是用木板、纸板、塑料或其他材料制成不同形状的薄片，并按规定方法进行拼摆的一种游戏（见图2-7），儿童可根据兴趣拼摆出各种故事情节。

图 2-7　拼图拼板游戏

五、工程构造游戏

工程构造游戏是以带孔眼的零件和螺钉为主要的构造材料，建构成各色物品的游戏（见图2-8）。

图 2-8 工程构造游戏

六、手工编织游戏

手工编织游戏是利用纸、珠、线、布、绳子等材料，运用一定的编织方法构成各种形象的游戏，如串珠、穿线等（见图 2-9）。

图 2-9 串珠游戏

七、玩沙、水、雪等游戏

沙、土是不定型的结构材料，儿童可随意操作。儿童可利用水、雪玩划船、堆雪人等游戏。玩沙、玩水、玩雪都是一种简便易行的结构游戏（见图 2-10）。

图 2-10 玩沙

知识点 2.4　结构游戏的关键经验准备和环境创设

一、结构游戏的关键经验

结构游戏是幼儿通过材料再现现实生活的一种游戏。小班幼儿在最初接触结构游戏时首先会经历一个无主题、无目的随意摆弄游戏材料的过程，教师要引导其逐步选择、确定主题；到了中大班，幼儿的主题意识会进一步增强，所以为了使幼儿能够围绕主题进行搭建，教师可以利用社区资源，在社区和家长的支持帮助下，丰富幼儿有关主题的相关经验。同时教师需要引导幼儿对确定的主题中的搭建物体进行观察。

1. 多渠道、多方位、多角度的观察

教师要引导幼儿观察日常生活中各种不同的物体和建筑物的形状、颜色、结构以及空间位置关系。可以带幼儿到大自然中去实地观察。

2. 指导幼儿学会分析结构特征

分析结构特征，即说出物体各部分的名称、形状，比较建筑物的不同部分，掌握各部分结构物的组合关系。

3. 指导幼儿进行对比性观察

教师要引导幼儿运用对比观察法观察结构物的共性与差异。在构建新主题时，引导幼儿运用对比观察法找出众多结构物的相同点与不同点。

二、结构游戏的环境创设

班级结构游戏区一般可容纳 5~7 人，可利用移动组合柜、材料柜、桌椅、地垫等物品将空间分隔成材料区、搭建区、展示区三大块。结构游戏区需要远离通道，一方面可以不受其他区域的干扰，另一方面可以避免材料和作品等被其他幼儿碰倒。平滑、没有裂痕、质量较好的地板适宜于幼儿开展建构活动，还可以通过在区域内适当铺设地毯等方式来减少噪音和划痕。结构游戏区可以安排在与角色游戏区相邻的地方，便于幼儿将两个区域结合起来开展象征性游戏。同时，积木、积塑等可以按照形状、大小、材料等进行分类放置，放在篮子、箱子和盒子里，而小车子、小动物等其他物品可以另外分开放置。

此外，结构游戏区的环境创设应突出以下四个功能。

1. 提示功能

为了保证结构游戏活动的安全，教师可通过符号、示意图、照片等直观形象的提示，规范幼儿的行为，帮助幼儿建立关于结构游戏活动的适当规则。

2. 欣赏功能

为帮助幼儿明确游戏主题，拓展幼儿有关主题的相关经验，教师可以提供主题多个侧面的实物图片。比如，在"我身边的楼房"主题的建构环境创设中，教师不仅投放了各种样式的楼房的图片，还提供了楼房侧面、背面等多个角度的图片，甚至呈现了楼房细节部分的放大图片。提供一组有关同一物体多个角度的图片，有助于拓展幼儿对该物体全方位的建构经验。

3. 示范功能

通过图示、图片、说明书的方式示范操作步骤，引导幼儿模仿，能帮助幼儿提升自我解决问题的能力。当幼儿有目的地独立地模仿建构某一物体时，由于受到三维空间能力及视觉盲区的限制，往往会有一些建构难点。比如，幼儿想要利用乐高玩具搭一个小人，虽然所需材料的数量不多，但仅根据图片来搭建是有困难的。如果有建构小人的步骤图，幼儿就能按照图示一步步地进行建构，解决建构的难点。建构材料分解图示明确了建构作品所需的材料式样、数量等，突破了建构的难点，大大提高了幼儿的建构成功率。

4. 分享功能

展示区一般可以展示幼儿已完成的作品图或幼儿设计的建构平面图，也可以展示幼儿绘制的作品步骤图。在展示区展示建构作品不仅能够起到激励幼儿的作用，还可以方便教师对幼儿的建构作品进行分析，通过作品分析提升幼儿的建构能力。

知识点 2.5　结构游戏的搭建技能

一、第一阶段：摆弄

摆弄通常是 2 岁以下幼儿的典型行为，他们只是把积木搬来搬去，并不搭建什么东西。如将积木从箱子里拿出来，把积木从一个地方搬到另一个地方，或用一只手抓抓又换另一只手抓抓等（见图 2-11）。由于这个阶段的幼儿只是摆弄积木，似乎是在摆弄中感知积木的特性，或将积木想象成某物，但没有将积木用于搭建，所以这个阶段还不能称之为真正的建构阶段。

图 2-11　摆弄

二、第二阶段：堆高或平铺

两三岁的幼儿开始进行真正的建构。当他们刚刚开始搭积木时，通常的情景是先放一块积木，再将另一块积木放到第一块上面，然后一块、两块……，依次把积木向上堆放，直到用完手中所有的积木；或者他们先放一块积木，再将另一块积木接在后面，一块、两块……，首尾相连地拼接在一起，接成了一条长龙。第一种方式叫堆高，第二种方式叫平铺。在堆高或平铺的过程中，他们重复着或堆高或平铺的单一动作模式，只是简单地将积木一块一块地往上叠起来，或者一块接一块地平铺成一列，往往并不注意重叠或排列整齐，只注意能不能叠得高高的、铺得长长的（见图2-12）。在这一阶段后期，幼儿逐渐会出现堆高和平铺结合在一起进行的建构。

图 2-12　堆高

三、第三阶段：架空

3岁左右的幼儿可能开始探索如何用一块积木将其他两块有一定间距的积木连接起来，即通过"架空"的建构技能，搭成类似"门""桥""房顶"的结构（见图2-13）。架空需要幼儿探索两块积木之间的距离与第三块积木长度之间的关系。

图 2-13　架空

四、第四阶段：围合

围合即用几块积木围成一个封闭的空间。掌握了围合技能，幼儿可以建构出如"动物园""汽车库""幼儿园"等各种结构造型，建构造型逐渐丰富复杂起来（见图2-14）。

图 2-14　围合

五、第五阶段：模式

随着幼儿意识到可以用结构材料建构出一定的造型，他们开始探索运用各种方式进行建构，逐渐开始出现模式，如在用红、黄、蓝 3 种颜色的积木建构火车时表现出不同的模式（"ABC""ABB"等）；用不同大小的积木进行堆高过程中也表现出"大小""大小小"等模式（见图 2-15）。这体现了幼儿对不同物件之间结构关系的认知。在这一阶段，幼儿开始注意建构造型的平衡、对称等。渐渐地，他们所建造出来的模型越来越复杂，越来越具有艺术性。但在这一阶段，他们往往还不会给建构物命名。

图 2-15　模式

六、第六阶段：表征

四五岁幼儿的结构游戏开始进入表征阶段，他们在建构之前就知道自己要建构什么，然后通过对材料的操作将脑中设想的造型表现出来，建构的目的性和计划性大大提高。在这一时期，幼儿在完成造型之后，往往会利用建构物开展象征性游戏。如在构建之前自言自语地说："我要给小兔子造一个房子。""房子"造好之后，他可能会说："这是小兔子的家。"然后拿着小兔玩偶和"房子"玩起了"小兔子捉迷藏"的游戏（见图 2-16）。

图 2-16　表征

知识点 2.6 各年龄班幼儿结构游戏的特点和指导要点

年龄班	特点	材料投放要点	指导要点
小班	1. 搭建过程没有目的性和计划性，坚持性差，容易中断； 2. 对材料认识不足，且经常使用结构材料来进行角色游戏； 3. 搭建技能简单，以堆高、平铺为主； 4. 规则意识不强，游戏习惯需要培养； 5. 以独自搭建为主，同伴间相互交流少； 6. 游戏评价能力欠佳，以关注自己的作品为主	1. 提供体积稍大的结构材料； 2. 提供种类不宜多，同一种类可以适当多一些； 3. 提供幼儿常见的、色彩鲜艳的结构材料	1. 引导幼儿尝试给搭建的作品命名，也可以根据幼儿作品的形象给以适当的名称，提高游戏的目的性和计划性； 2. 引导幼儿认识常见的结构材料，并介绍这些材料的用途； 3. 教会幼儿简单的搭建技能，并给幼儿提供结构作品的范例； 4. 初步建立结构游戏的规则，并在游戏区域中张贴规则；培养幼儿游戏结束时收拾玩具的意识； 5. 鼓励幼儿在游戏中与同伴进行简单的交流； 6. 引导幼儿大胆向同伴介绍自己的作品的名称，并逐渐开始关注他人的作品
中班	1. 有简单的搭建计划，主题单一，目的性和坚持性有所提升； 2. 能够根据搭建需要，有目的地选择材料，能初步地使用辅助材料； 3. 掌握更多的搭建技能，如架空、围合等； 4. 有初步的规则意识，能遵守已制定的规则； 5. 能与同伴一起进行结构游戏，但在技能缺乏，会常与同伴发生纠纷； 6. 能简要评价自己和他人的作品	1. 增加结构材料的种类； 2. 每种材料的数量不宜太多，以发挥幼儿的合作性； 3. 可适当提供一些辅助材料	1. 丰富幼儿的日常生活经验，形成丰富而深刻的对周围物体形象的印象；引导幼儿设计搭建方案，增强游戏的计划性与目的性； 2. 提供适合中班幼儿结构游戏水平的材料； 3. 帮助幼儿提高搭建技能，引导幼儿将平面图转化为搭建作品； 4. 与幼儿共同制定结构游戏规则； 5. 组织小型集体结构活动，引导幼儿通过协商解决纠纷，一起友好地进行游戏； 6. 组织幼儿进行游戏评价，鼓励幼儿主动、独立地发表意见，引导幼儿描述自己和他人作品的基本外形特征

项目二 结构游戏

55

续表

年龄班	特点	材料投放要点	指导要点
大班	1. 搭建主题明确，目的性、计划性较强； 2. 能根据不同的搭建内容选取丰富多样的游戏材料； 3. 能熟练运用多种建构技能进行主题搭建，并有一定的创造意识； 4. 遇到纠纷能主动协商，能小组讨论调整规则，较好地解决游戏纷争； 5. 分工合作意识强，能与同伴合作搭建； 6. 能较为完整地评价自己和他人的作品，并懂得尊重和欣赏他人的作品	1. 提供的结构材料都要丰富，以及辅助材料都要丰富一些； 2. 可以适当增加一些不规则的材料，以增强幼儿的想象力和创造力	1. 引导幼儿按照事先计划有顺序地搭建，鼓励幼儿在搭建完成后生成角色游戏； 2. 与幼儿共同有计划地收集各类辅助材料； 3. 引导幼儿尝试表现物体的细节和特征，运用多种材料准确地表现作品的构思和内容； 4. 开展集体的大型搭建活动，引导幼儿共同设计方案，确定游戏规则，分工合作，体验合作的乐趣； 5. 鼓励幼儿通过小组讨论自己制定新规则，包括分工情况、所用的材料； 6. 引导幼儿完整讲述搭建的过程，发展幼儿的自我评价和评价他人的能力作品的创意等

岗课赛证"加油站"

一、教师资格证相关考点

1. 请扫描二维码，阅读资料2-3，简述为什么幼儿园要以游戏为基本活动。

资料2-3

_____

_____

_____

_____

2. 请扫描二维码，阅读资料2-4，了解游戏对幼儿发展的作用，并进行简述。

_____

_____

资料2-4

_____

_____

_____

3. 请扫描二维码，阅读资料2-5，简述经典游戏理论的代表人物与主要内容。

_____

_____

_____

资料2-5

_____

_____

二、教师资格证真题

【单选题】

1. 幼儿以积木、沙、雪等材料为道具来模仿周围现实生活的游戏是（　　）。
   A. 表演游戏　　　B. 结构游戏　　　C. 角色游戏　　　D. 规则游戏
2. 认为"游戏是为未来生活做准备"的游戏理论是（　　）。
   A. 预演说　　　B. 剩余精力说　　　C. 复演说　　　D. 松弛消遣说

3. "拼图"游戏时，王老师见东东反复地拿起这块放下那块，不知该拿出哪块，急得满脸通红、满头大汗。对此，王老师恰当的说法是（　　）。

A. "不要着急，我们再试试吧！"
B. "你看看，晓红是怎么拼的。"
C. "试试红色正方形的拼板吧！"
D. "仔细看一下颜色和形状吧！"

【简答题】

1. 简述积木游戏对幼儿发展的价值。

2. 简述游戏对幼儿发展的作用。

【材料分析题】

1. 材料：

大班幼儿在玩积木时，出现了自发探究行为，其探究过程与结果如图 2-17、图 2-18所示。

图 2-17　探究过程　　　　　图 2-18　探究结果

问题：

（1）图中的幼儿在搭建中可能会遇到什么问题？
（2）在解决问题的过程中，幼儿能获得哪些学习经验？
（3）该游戏中的材料有什么特点？这些特点对幼儿的学习活动有什么影响？

2. 材料：

小班幼儿在角色游戏区活动，文文在"邮局"里无所事事，摆弄一个称重器。在此之前，孩子们没有"邮局"这个角色游戏的经验。教师看到这种情况，拿了一个盒子走过去，对文文说："我想把这个寄到超市去（旁边有超市游戏区），你能帮我称一下吗？"文文马上接过盒子，放在称重器上，看了一下，说："100克！"教师问："多少钱？""10块钱。"文文说。教师假装付了钱，文文立刻把盒子送到了隔壁的"超市"。接着，有几个小朋友也学着教师的样子将一些东西寄到旁边的"医院""美容院""娃娃家"。"邮局"变得热闹起来。

问题：

请分析在这个案例中，教师是如何干预幼儿游戏的。

3. 材料：

李老师发现大班"理发店"的顾客很少，"顾客"对理发店不感兴趣。于是老师带幼儿到理发店参观，看理发店的设施，鼓励幼儿向理发师咨询问题，记录幼儿的问题，还拍下照片。幼儿在理发店看到顾客躺着洗头，梳理发型。回到幼儿园，李老师组织幼儿讨论"如何开好理发店"，并拿出照片给孩子回顾，有的幼儿反映没有躺椅，有的反映没有发型梳，李老师则启发幼儿自己用积木做躺椅，自己画发型，之后，"理发店"生意又红火起来。

问题：

请分析案例中教师采用了哪些策略来支持幼儿的游戏活动。

4. 材料：

角色游戏中，大二班在教室里开展理发店主题游戏。教师为了提升幼儿的游戏水平，主动为幼儿制作了理发店价目表。

问题：

请结合你对角色游戏的理解，分析教师提供价目表这一做法是否适宜，并提出建议。

工作步骤参考建议　　　岗课赛证参考答案

评价反思

目标	项目要求		评分细则	分值	自评分值	小组评分	教师评分
素养	纪律情况	按时出勤	迟到、早退各出现一次扣2分，旷课一次扣5分	10分			
		积极思考，回答问题	根据平台统计分数折算	10分			
	职业道德	具有科学的游戏观、儿童观和创新意识	能完全根据幼儿的意愿开展游戏活动，游戏指导中有创新意识得10分，其余视情况得3~8分	10分			
知识	识读任务书	了解结构游戏的概念和特点	全部阐述清楚得10分，大部分阐述清楚得6分，其余视情况得1~5分	10分			
		掌握结构游戏环境创设和材料投放要点	全部阐述清楚得10分，大部分阐述清楚得6分，其余视情况得1~5分	10分			
		了解结构游戏观察和记录的方法和内容	全部阐述清楚得5分，部分阐述得3分，其余不得分	5分			
技能	结构游戏的组织与实施	游戏前的准备	完全按照年龄阶段特点进行经验准备、完成游戏环境创设和材料投放得10分，部分按照得6分，其余视情况得1~5分	10分			
		游戏中的指导	完全按照年龄特点，用合理的方式进行游戏指导得10分，部分按照得6分，其余视情况得1~5分	10分			
		游戏后的指导	能够通过适当的方式进行游戏讲评得5分，方法一般得3分，其余不得分	5分			
		观察和评价角色游戏	能够采用恰当的方式进行游戏的观察和评价得10分，方法一般得6分，其余视情况得1~5分	10分			
任务书完成情况	按时保质完成任务书	按时提交	按时提交得5分，其余不得分	5分			
		书写整齐	字迹工整得2分，其余不得分	2分			
		有独到的见解	视情况得1~3分	3分			
合计				100分			
权重	自评20%，小组评分30%，教师50%						

项目二 结构游戏

学习笔记

项目三　表演游戏

一、学习目标

知识目标：了解表演游戏的概念和特点；理解表演游戏对幼儿发展的意义；掌握不同年龄段幼儿表演游戏的特点。

能力目标：具备根据年龄特点规划和指导表演游戏的能力；能够对表演游戏进行观察与评价。

素质目标：逐步具备科学的游戏观、儿童观和创新意识；愿意开展幼儿表演游戏；具备开展表演游戏的基本素质。

二、学时分配

本项目学时分配见表3-1。

表 3-1　学时分配计划

项目三	任务一	任务二	任务三
计划时数	4	2	2

三、项目介绍

本项目包括3个任务：小班表演游戏"拔萝卜"组织与实施、中班表演游戏"彩虹色的花"组织与实施、大班表演游戏"西游记"组织与实施。依据幼儿园表演游戏活动的组织与实施要求，每个任务都需要按照表演游戏组织与实施任务书（见表3-2）中的工作步骤来完成。

表3-2　表演游戏组织与实施任务书

工作步骤 （学习步骤）	工作内容 （学习活动）	工作要求 （学习要求）	备注
步骤一	游戏目标设定	情感目标 知识目标 技能目标	
步骤二	游戏前的准备	经验准备 环境创设	
步骤三	游戏中的指导 （预设情景）	游戏导入 角色分配 预设情景	
步骤四	游戏后的指导	愉快结束游戏 整理玩具材料 组织讨论游戏	
步骤五	游戏评价	完成观察与记录表 完成表演游戏评价表	

任务一　小班表演游戏"拔萝卜"组织与实施

任务情境

这几天,小二班的小朋友逐渐对表演区的服装道具产生兴趣。有些小朋友在区域活动时间会穿戴好放置在教室一角的各种演出服装,站在小舞台上唱唱跳跳。有的小朋友还会表演故事,表演的正是前几天你给小朋友讲的"拔萝卜"的故事。你发现,幼儿逐渐有表演游戏的游戏意识了,于是准备进一步指导孩子们,把表演游戏"拔萝卜"玩得更好(见图3-1)。

为了完成这个工作任务,你需要按照表演游戏组织与实施任务书(见表3-2)中的工作步骤完成所有工作内容。

图3-1　表演游戏"拔萝卜"

学习活动一　游戏目标设定

一、识读任务

1. 请参考阅读知识点3.1,回答:什么是表演游戏?表演游戏有什么特点?

_____
_____
_____

2. 请参考阅读知识点3.2,回答:同样都是扮演角色,幼儿的表演游戏和角色游戏以及文艺表演之间的相同与不同点分别是什么?

对比项		角色游戏	文艺表演
表演游戏	相同点		
	不同点		

3. 为了设定本游戏目标，请你先阅读知识点 3.3，简要回答：表演游戏促进幼儿哪些方面的发展？并举例说明。

_____
_____
_____
_____

二、完成工作步骤一

请扫描二维码，阅读资料 3-1，回顾游戏目标设定的原则，并阅读游戏案例 3-1 及资料 3-2，参考"小班表演游戏目标设定"，通过小组讨论，共同制定"拔萝卜"表演游戏的活动目标。

资料 3-1　　　　　游戏案例 3-1　　　　　资料 3-2

情感目标：
_____
_____

知识目标：
_____
_____

能力目标：
_____
_____

学习活动二　游戏前的准备

一、识读任务

1. 请阅读知识点 3.4，回答表演游戏前丰富幼儿的关键经验的方法及其实施要点，并分析这个"拔萝卜"故事是否适合小班幼儿进行表演。

_____
_____
_____

2. 请阅读知识点 3.4，简要回答：表演游戏环境创设的内容有哪些？

_____
_____
_____

二、完成工作步骤二

1. 请扫码观看视频 3-1，结合知识点 3.4，回答：在教师讲故事"拔萝卜"视频中，教师是如何丰富幼儿的关键经验的，并尝试模仿。

视频 3-1

_____
_____
_____
_____

2. 请参考知识点 3.4，讨论：如何进行本游戏的环境规划？并画出环境规划示意图。

环境规划示意图

3. 请参考知识点 3.4，讨论：如何进行本游戏的材料投放？

音乐：《拔萝卜》	萝卜玩偶	农民服装	头饰	农田布景
是否选用（　） 数量（　）	是否选用（　） 数量（　）	是否选用（　） 数量（　）	是否选用（　） 数量（　）	是否选用（　） 数量（　）

其他材料：
_____
_____
_____

学习活动三　游戏中的指导

一、识读任务

请阅读知识点3.5，思考问题：针对小班幼儿的表演水平，你会采取怎样的方式进行游戏指导？

二、完成工作步骤三

1. 请扫描二维码，观看幼儿表演游戏视频3-2，针对小班表演游戏"拔萝卜"的游戏主题和小班的年龄特点进行小组讨论：如何导入游戏？

视频3-2

2. 在本游戏中，你会如何帮助幼儿进行角色分配？

3. 预设情景一：

家家、明明、阳阳和浩浩开始"拔萝卜"的表演游戏，家家扮演的是萝卜，明明、阳阳和浩浩分别扮演爷爷、奶奶和小孙子。一开始，明明就忘词了，拉着"萝卜"的叶子，不知道该怎么办了。

针对情景一，小组讨论：你们应该如何指导？

学习活动四　游戏后的指导

一、识读任务

小组讨论：表演游戏后，可以对幼儿进行哪些方面的指导？对幼儿的游戏能力发展有什么意义？

_____
_____
_____
_____

二、完成工作步骤四

1. 你会如何组织小班幼儿整理"拔萝卜"游戏的玩具材料？

_____
_____
_____
_____

2. 在组织小班幼儿进行"拔萝卜"游戏讲评和讨论时，你会采用什么方法或者通过问哪些问题鼓励幼儿一起参与讨论评价？

_____
_____
_____
_____
_____

学习活动五　游戏评价

完成工作步骤四

1. 扫码观看视频 3-3，观察游戏中的情景，完成轶事记录表（见表 3-3）。

视频 3-3

表 3-3　轶事记录表

观察者：	观察对象：
观察时间：	观察地点：

事件描述：（视频）

2. 根据轶事记录表（见表 3-3），完成表演游戏评价表（见表 3-4）。

表 3-4　表演游戏评价表

评价要点	评价内容	评价选项			
^	^	非常符合	比较符合	一般符合	不符合
理解作品	熟悉文学作品的故事内容、情节与教育意义				
^	认真倾听、大胆表达				
游戏准备	自主选择和制作服装道具				
^	自主创设游戏场景				
表演能力	有角色意识，主动、大胆、自信地表演				
^	扮演中角色有互动，围绕一个主题合作扮演				
^	能带领别人玩或教别人玩				
^	对话以扮演内容为中心，符合扮演角色的特征，语气、语态形象				
创造性	有目的地改编创编剧本				
^	材料运用有新颖性、独创性				
游戏规则	遵守规则、协同合作，游戏结束能主动整理表演玩具				

任务二　中班表演游戏 "彩虹色的花" 组织与实施

任务情境

随着孩子们进入中班，和小伙伴之间的交往越来越多，孩子们的社会性发展有了明显的提高。中一班的小朋友逐渐适应在 "迷你小社会" 区域活动中主动与同伴一起游戏，但随之而来的冲突也多了。碰到困难，孩子们有时不知所措，有时互相埋怨。为此，你选择了《彩虹色的花》这本绘本组织了一次语言活动。孩子们读完这本绘本后，非常喜欢这个故事，还经常在小舞台一会儿翩翩起舞，扮演 "彩虹色的花"，一会儿又在地上爬，扮演 "小乌龟"。于是你决定帮助孩子们一起更好地完成这个表演游戏（见图 3-2）。

为了完成这个工作任务，你需要按照表演游戏组织与实施任务书（见表 3-2）中的工作步骤完成所有工作内容。

图 3-2　表演游戏 "彩虹色的花"

学习活动一　游戏目标设定

一、识读任务

请阅读知识点 3.6，回答：表演游戏常见分类有哪些？各种表演游戏形式的特点是什么？

_____
_____
_____
_____

二、完成工作步骤一

请扫描二维码，观看视频 3-4，阅读绘本《彩虹色的花》，并回顾资料 3-2 中的 "中班表演游戏目标设定"，通过小组讨论，共同制定 "彩虹色的花" 表演游戏的活动目标，并选择适合的表演游戏形式。

视频 3-4　　　　　　　　资料 3-2

情感目标：

___

知识目标：

___

能力目标：

___

游戏表演形式：

___

学习活动二　游戏前的准备

完成工作步骤二

1. 请扫描二维码，观看教师讲故事《彩虹色的花》视频（见视频3-5），回顾知识点3.4，并选择道具进行故事片段表演。

___

视频 3-5

2. 请回顾知识点3.4，讨论：如何进行本游戏的环境规划？并画出环境规划示意图。

环境规划示意图

3. 请回顾知识点 3.4，讨论：如何进行本游戏的材料投放？

背景音乐	花朵	动物服装	头饰	草地布景
是否选用（　） 数量（　　）	是否选用（　） 数量（　　）	是否选用（　） 数量（　　）	是否选用（　） 数量（　　）	是否选用（　） 数量（　　）

其他材料：
_____
_____
_____

学习活动三　游戏中的指导

完成工作步骤三

1. 请扫描二维码，观看幼儿表演游戏视频（见视频 3-6），针对中班表演游戏"彩虹色的花"的游戏主题和中班的年龄特点，进行小组讨论：如何导入游戏？

视频 3-6

_____
_____
_____

2. 预设情景一：

小朋友们开始"彩虹色的花"的表演游戏。明明扮演的是小乌龟，他出场后小朋友们却纷纷说："你不像小乌龟，演得一点也不好。"明明听了很难过，他也不知道该怎么办了，呆呆站在那里一言不发。

针对情景一，小组讨论：你们应该如何指导？

_____
_____
_____
_____

3. 预设情景二：

小乌龟、小蚂蚁、小鸟都出场了，小朋友们玩着玩着，感觉这个游戏不好玩。琳琳说："我们应该把自己打扮得像这些小动物啊，这样才有意思。"可是，该怎么打扮自己呢？小朋友们又不知该怎么办了。

项目三　表演游戏

针对情景二，小组讨论：你们应该如何指导？

_____
_____
_____

学习活动四　游戏后的指导

完成工作步骤四

1. 你会如何组织中班幼儿整理"彩虹色的花"游戏的玩具材料？

_____
_____
_____

2. 中班的幼儿对文学作品渐渐有了自己的理解，在组织中班幼儿进行"彩虹色的花"游戏讲评和讨论时，你会引导幼儿进行哪方面的思考呢？

_____
_____
_____

学习活动五　游戏评价

完成工作步骤五

1. 扫码观看视频 3-7，观察游戏中的情景，完成轶事记录表（见表 3-5）。

视频 3-7

表 3-5　轶事记录表

观察者：	观察对象：
观察时间：	观察地点：
事件描述：（视频）	

2. 根据轶事记录表（见表3-5），完成表演游戏评价表（见表3-6）。

表 3-6　表演游戏评价表

评价要点	评价内容	评价选项			
		非常符合	比较符合	一般符合	不符合
理解作品	熟悉文学作品的故事内容、情节与教育意义				
	认真倾听、大胆表达				
游戏准备	自主选择和制作服装道具				
	自主创设游戏场景				
表演能力	有角色意识，主动、大胆、自信地表演				
	扮演中角色有互动，围绕一个主题合作扮演				
	能带领别人玩或教别人玩				
	对话以扮演内容为中心，符合扮演角色的特征，语气、语态形象				
创造性	有目的地改编创编剧本				
	材料运用有新颖性、独创性				
游戏规则	遵守规则、协同合作，游戏结束能主动整理表演玩具				

任务三　大班表演游戏"西游记"组织与实施

任务情境

进入大班后，孩子们对文学作品的理解能力越来越强，逐渐开始喜欢探索人物关系复杂、情节跌宕起伏且有一定深度的作品。中国古典神话小说《西游记》是幼儿百看不厌的文学作品，其中富有想象力、离奇曲折的情节，鲜明的人物性格特征深入到每位幼儿的心灵，尤其是神通广大的美猴王孙悟空是孩子们心目中的英雄。幼儿园开展了"西游记"的"读一读、演一演"活动，目的在于通过表演"西游记"，激发幼儿的游戏能力，同时帮助幼儿更进一步理解人物和故事（见图3-3）。

图3-3　表演游戏"西游记"

为了完成这个工作任务，你需要按照表演游戏组织与实施任务书（见表3-2）中的工作步骤完成所有工作内容。

学习活动一　游戏目标设定

完成工作步骤一

请扫描二维码，阅读资料3-3中的"西游记——三打白骨精"片段，并参考资料3-2中"大班表演游戏目标设定"，通过小组讨论，共同制定"西游记"表演游戏的活动目标，并选择适合的表演游戏形式。

资料3-2　　　　　资料3-3

情感目标：

知识目标：

能力目标：

_____

_____

游戏表演形式：

_____

_____

学习活动二　游戏前的准备

完成工作步骤二

1. 请扫描二维码，观看老师讲故事"三打白骨精"视频（见视频3-8），回顾知识点3.4，并选择道具进行"三打白骨精"故事片段表演。

_____

_____

视频3-8

2. 请回顾知识点3.4，讨论：如何进行本游戏的环境规划？并画出环境规划示意图。

环境规划示意图

3. 请回顾知识点3.4，讨论：如何进行本游戏的材料投放？

背景音乐	金箍棒	"西游记"服装	"西游记"头饰	山地布景
是否选用（　） 数量（　）	是否选用（　） 数量（　）	是否选用（　） 数量（　）	是否选用（　） 数量（　）	是否选用（　） 数量（　）

其他材料：

_____

_____

_____

项目三　表演游戏

77

学习活动三　游戏中的指导

完成工作步骤三

1. 请扫描二维码，观看幼儿表演游戏视频（见视频 3-9），回顾知识点 3.5，针对大班表演游戏"三打白骨精"的游戏主题和大班的年龄特点，小组讨论：如何导入本游戏？

视频 3-9

2. 预设情景一：

和孩子们商量分配角色时，谁也不愿意扮演猪八戒这一角色，问其原因，都说："猪八戒那么丑，我才不要演呢！"大家一致认为这是个反面角色，纷纷拒绝。角色没有分配好，何谈表演呢？于是，你和孩子们展开了讨论。

针对情景一，小组讨论：你们应该如何指导？

3. 预设情景二：

孙悟空把白骨精打死后，扮演唐僧的浩浩并没有按照剧本撵走孙悟空，而是改编了剧情，像是个侦探似地找线索破起案了。这让扮演孙悟空和猪八戒的两个小朋友不知所措，一边跺脚一边小声地提醒："浩浩，你该念紧箍咒啦！"

针对情景二，小组讨论：你们应该如何指导？

4. 预设情景三：（根据游戏中可能会出现的场景，自行设计情景三）

针对情景三，小组讨论：你们应该如何指导？

_____
_____
_____
_____

学习活动四　游戏后的指导

完成工作步骤四

1. 你会如何组织大班幼儿整理"三打白骨精"游戏的玩具材料？

_____
_____
_____

2. 在组织大班幼儿进行"三打白骨精"游戏讲评和讨论时，你会如何鼓励幼儿评价游戏？

_____
_____
_____

学习活动五　游戏评价

完成工作步骤五

1. 扫码观看视频 3-10，观察游戏中的情景，完成轶事记录表（见表 3-7）。

视频 3-10

表 3-7　轶事记录表

观察者：	观察对象：
观察时间：	观察地点：
事件描述：（视频）	

2. 根据轶事记录表（见表3-7），完成表演游戏评价表（见表3-8）。

表 3-8 表演游戏评价表

评价要点	评价内容	评价选项			
		非常符合	比较符合	一般符合	不符合
理解作品	熟悉文学作品的故事内容、情节与教育意义				
	认真倾听、大胆表达				
游戏准备	自主选择和制作服装道具				
	自主创设游戏场景				
表演能力	有角色意识，主动、大胆、自信地表演				
	扮演中角色有互动，围绕一个主题合作扮演				
	能带领别人玩或教别人玩				
	对话以扮演内容为中心，符合扮演角色的特征，语气、语态形象				
创造性	有目的地改编创编剧本				
	材料运用有新颖性、独创性				
游戏规则	遵守规则、协同合作，游戏结束能主动整理表演玩具				

项目知识点

知识点 3.1　表演游戏概述

一、表演游戏的概念

表演游戏是幼儿根据故事、童话等文学作品（或自己创编的故事）的内容，运用语言、动作、表情来扮演其中的角色，根据自己的理解和想象创造性地演绎文学作品的一种游戏。由于表演游戏是通过表演来创造性地再现文学作品，所以也是一种创造性游戏。

二、表演游戏的特点

1. 游戏性

游戏性是表演游戏的首要特点。幼儿的表演游戏主要在于满足自己的表演兴趣、表演欲望，不管有无观众，观众评价如何，他们在这个过程中追求的是一种游戏的体验。表演游戏的本质是游戏，它必须符合游戏的特征，幼儿在游戏中应具有内在动机性，可自由选择，并具有积极的情感体验。

2. 艺术性

表演游戏是幼儿扮演故事（可以是文学作品，也可以是自己改编或创编的故事）中的角色进行表演的一种活动，具有一定的"艺术性"。不同于角色游戏中的装扮，表演游戏中的表演往往更加注重表演性，比如，表演者的语言、语调、语气、动作，都更倾向于采用艺术化的夸张手法。但是有别于戏剧表演的是，表演游戏的表演性不是第一位的。

3. 创造性

表演游戏的特性中非常重要的一点就是创造性。幼儿对故事的理解基于自己的已有经验，未必完全局限于故事本身的内容，他们在表演过程中往往会加入自己对于作品的领悟和解读，从而呈现不同的故事内容，表现出创造性。幼儿对于故事的表演方式是根据自己的理解和喜好进行选择的，不是对表演戏剧的机械模仿，而是一种创造性的表达。

4. 综合性

表演游戏不同于单纯的歌舞表演，是一种综合性的活动。表演的形式是多样的、综合的，并不局限于口头语言，还有表情和肢体动作，唱歌、跳舞、朗诵也都可以融入表演中；表演游戏的内容是丰富的，可以覆盖各个学习领域；幼儿在表演游戏中所获得的发展是多元的，包括认知、社会性、情感等方面。

5. 结构性

表演游戏要以故事为线索，以故事的发展顺序为基本框架进行创造性的表演。幼儿在表演过程中要尽量将自己的一言一行与故事中的情节、人物联系起来，创造性表演的程度受"故事"框架的规范，不能随意而为。由此可见，相比于角色游戏的松散、随性和生活化，表演游戏的开展受限于故事的脚本，具有一定的结构性。

知识点 3.2 表演游戏与其他活动的区别

一、与角色游戏相比较

表演游戏和角色游戏相同，都有角色扮演。

然而，表演游戏比角色游戏更具夸张的戏剧成分，有很强的艺术性。在表演游戏中，幼儿需要运用一定的表演技能，更接近于文艺表演。表演游戏的主题、角色、情节、道具和服装均有着鲜明的戏剧成分。

二、与文艺表演相比较

表演游戏和文艺表演相同，都是以作品为蓝本的角色情节表演。比如幼儿喜爱的"拔萝卜""三个和尚""金色的房子"等均出自童话故事、绘本、影视作品等。

然而，文艺表演严格排练，注重舞台效果；幼儿的表演游戏则主动、自发、随意，可对作品进行再创造。同时，文艺表演的目的是供观众欣赏，而幼儿的表演游戏不以演给他人看为目的，主要在于满足自己的表演兴趣、表演欲望，不管有无观众、观众评价如何。

知识点 3.3 表演游戏与幼儿的发展

一、加深幼儿对文学作品的学习理解

表演游戏是幼儿对文学作品的一种学习过程。在表演中，幼儿通过对角色的种种揣摩去表演角色，呈现角色的思想、情感、对话和动作，能够在不知不觉中烙下角色的各种印记。借助于表演游戏，幼儿能更好地掌握文学作品的主题思想、内容和情节，厘清事件的逻辑和先后顺序，理解情节的发展过程和因果关系，把握人物的性格特征和人物之间的关系，领会人物的思想感情，加深对文学作品的理解。

二、促进幼儿语言的发展

通过表演游戏，幼儿能获取广泛的知识内容，其语言内容方面的经验会越来越丰富，谈论的话题自然就会越来越多。文学作品中的语言优美生动、句式丰富多变，对幼儿学习和掌握多种语言形式具有特别的意义。故事表演中生动的多样化情境也为幼儿积累丰富的语言运用经验提供了可能。

三、发展幼儿的想象力

表演游戏的过程是幼儿想象活动的过程。在游戏中，幼儿凭着自己对作品的理解和态度，在表演中对作品的一些内容、情节和对话进行修改，创造性地刻画出角色的性格，这一切都需要幼儿充分发挥想象力和创造力。此外，表演游戏常常需要使用一些道具和装饰，这些材料的准备，也是一项创造性的活动。

四、培养幼儿良好的个性

故事或童话以文艺形式反映典型生活，有教育意义，对幼儿具有很大的感染力。幼儿能通过听故事、演故事，感同身受，从而获得良好的品格。表演游戏要求参与表演的

幼儿将各自的体验表达出来，协调地行动，既要有独立性，又要互相合作，让自己的愿望成为游戏的需要。幼儿参加表演是有勇气和有信心的表现。为了扮演角色，需要克服怕羞、胆怯的心理，调整自己的心态，有助于培养幼儿勇敢、大胆、不怯懦等优良的个性品质。

五、让幼儿受到艺术熏陶

表演游戏对幼儿的形象、仪表、言行、体态、艺术素质等方面都有综合培养的作用。表演游戏本身是一种艺术活动。通过表演，幼儿会在激情张扬的过程中得到美的启迪，提升他们的美感。表演游戏还有助于发展幼儿的表演才能，使他们能从感受语言美、艺术美逐步扩展到通过语言、动作去表现美、创造美，从而发展幼儿的审美能力，陶冶幼儿的艺术气质。

知识点 3.4　表演游戏的关键经验准备与环境创设

一、表演游戏的关键经验

表演游戏不同于角色游戏与结构游戏，其关键经验来源于幼儿文学作品。因此，在表演游戏前，教师需要选择文学作品，让幼儿熟悉文学作品并创设游戏环境。

1. 选择文学作品

适合表演的故事应符合以下几个要求。

第一，故事是有价值的，内容健康活泼，符合幼儿的生活经验和审美情趣。表演故事的内容应对儿童有益，能启迪孩子的思想，陶冶他们的情操，丰富孩子的知识。

第二，故事受幼儿喜欢并为他们所熟知。故事应适合幼儿的年龄特点，能被幼儿所理解。一般而言，在最初阶段，应选择篇幅短一点、情节简单一点、对话重复的故事；随着时间的推移，则可选择故事情节复杂一点、篇幅长一点、文学性强的故事，让幼儿有更多发挥想象力的空间。

第三，故事应角色鲜明、有较多的对话，这样易于幼儿表演。如《金色的房子》中有小姑娘、狗、鸟、羊和猴这5个角色，各个角色特征鲜明，游戏情节接近孩子们的日常生活，对话简洁并接近口语。

2. 熟悉文学作品

教师只要用富有表现力的生动语言，带着表情和动作，反复地向幼儿讲述故事、童话，就能让幼儿很好地记住故事、童话，并产生表演的欲望。

二、表演游戏的环境创设

表演游戏的环境创设内容有简易的舞台和布景，服装与道具。幼儿应成为环境创设和材料准备的主体。在表演游戏中，舞台布景的装饰、服装和道具的制作，是幼儿进一步理解文学作品，构思表演方式的过程。教师可带领幼儿熟悉或动手制作丰富的材料投放到游戏区，如头饰、服装、人偶、皮影人，也可以提供一些半成品材料，如纸筒、彩纸、绸缎等，便于幼儿利用材料进行道具制作和服饰准备。

教师还应创设让幼儿感觉轻松、愉悦、被接纳、被认可、被尊重的精神环境，鼓励幼儿大胆表演，充分展示。

学前儿童游戏

知识点 3.5　各年龄班幼儿表演游戏的特点和指导要点

年龄班	特点	文学作品选择及材料投放要点	指导要点
小班	1. 处于独自游戏、平行游戏的高峰期。游戏目的性不强，在教师的组织下能开展简单的表演游戏； 2. 角色意识弱，角色之间的特征不明显，角色更换意识不强； 3. 用简单重复性的语言和动作表现角色特征，以一般性表现为主，依赖模仿教师的表演； 4. 角色之间的互动交流欲望低； 5. 规则意识不强，游戏习惯需要培养； 6. 游戏评价能力欠佳	1. 选择的文学作品情节较简单，角色人数较少，台词以重复性为主，作品教育意义浅显； 2. 角色道具选择以主题形象鲜明，材质安全的成品道具为主； 3. 舞台布置简约	1. 可根据幼儿的游戏能力选择情节简单的文学作品。当教师引导孩子熟悉、理解了要表演的文学作品后，激发其表演欲望。小班幼儿可通过观看教师的表演，学习语言和动作的表演技巧（一个或几个）可以给小班幼儿进行示范； 2. 制定角色轮换规则。小班幼儿还没有相互协商分配角色的能力，都愿意扮演自己喜欢的角色。教师可以在尊重幼儿意愿的前提下，帮助其做出角色分配； 3. 教师可以与小班幼儿共同游戏。在游戏中担任某一角色，借助合适的道具和材料，帮助幼儿理解表演，树立表演的自信心。同时教师可以模仿教师进行表演，引导小班幼儿在游戏中遇到的困难； 4. 鼓励幼儿在游戏中思考其他角色的动作和台词，并给子相应的反馈。 5. 在游戏中重视规则意识的培养，让幼儿愉快结束游戏，培养幼儿游戏兴趣。以教师为主，引导幼儿学习整理游戏材料，养成良好的游戏习惯； 6. 多采用简单回答的方式询问幼儿，让幼儿说出自己游戏中的体验，也可简单评价其他幼儿，丰富游戏经验

续表

年龄班	特点	文学作品选择及材料投放要点	指导要点
中班	1. 处于联合游戏阶段；游戏目的性增强，但不够稳定，时而会嬉笑打闹，偏离游戏主题，能基本再现作品主要故事内容； 2. 能独立分配角色，游戏中有角色更换意识； 3. 处于从"一般性表演"向"生动性表演"过渡的阶段，动作为主要游戏手段； 4. 具有初步的交往愿望，语言、动作共同参与表演； 5. 有一定的交往规则意识； 6. 在教师的引导下，能共同参与表演游戏，可简单独立评价游戏	1. 选择的文学作品情节完整、角色之间有互动，台词能表现角色特点。作品有较深刻的教育价值； 2. 角色道具选择以主题形象鲜明、材质安全的成品道具和幼儿自制道具为主； 3. 舞台布置能表现故事情节	1. 引导幼儿再现游戏主题，引导幼儿保持表演游戏情节。教师要时刻观察其行为，设计游戏情节，在适当的时机给出提示，避免跑题，并做好安全防范； 2. 教会幼儿通过协商、轮流、等待或者竞争的方式分配角色； 3. 教师可以通过参与表演的方式提供语言、动作规范，引导和鼓励幼儿利用夸张的语气、语调、动作和表情创造性地塑造角色； 4. 游戏时，注意观察纠纷发生的原因，引导幼儿在游戏中培养简单解决纠纷的能力，提高社会交往能力； 5. 引导幼儿整理道具，教师只在必要时给予帮助； 6. 引导幼儿在讲评游戏环节分享游戏经验，提高游戏水平
大班	1. 处于联合游戏、合作游戏阶段，合作性较强，通过分工、合作、协商分配角色，推动表演游戏开展； 2. 有较强的角色意识，自觉等待上场； 3. 生动性表现有所提升，能较好地把握角色特点，除语言、动作外，辅以语气、表情进行表演； 4. 能增加角色台词，增加故事情节，创编故事； 5. 社会交往能力提高，在游戏中遇到纠纷也可通过协商自行解决； 6. 可独立评价游戏，发表自己的观点	1. 选择的文学作品情节、角色之间特点明显，台词能表现角色特点。作品有较深刻的教育价值； 2. 角色道具以幼儿自制道具为主； 3. 舞台道具以幼儿自制为主，内容丰富，有多个场景，能表现多个故事情节	1. 游戏前可引导幼儿一起布置舞台，游戏中教师多用建议、询问等语言指导，避免过多介入； 2. 教师在旁观观察的表演时，要及时发现大班幼儿在语言、动作等方面的创造性动作体动作给以鼓励； 3. 鼓励幼儿独立决定游戏主题和情节，通过肢体动作和情节，提高幼儿独立开展游戏的能力，培养幼儿的自主性； 4. 鼓励幼儿积极引导幼儿创造性地表演，发挥幼儿的想象力。如果幼儿的表演和原作的故事有出入，教师也不要干预，要作为一个观众观看表演； 5. 鼓励幼儿独立整理玩具； 6. 在大班幼儿共同观摩、讨论，进行录像记录，表演完后组织幼儿共同完善表演，共同调和语气、语调和动作，提高幼儿的表演技能

知识点 3.6　表演游戏种类

根据角色扮演形式的不同，表演游戏主要有四种：自身表演、桌面表演、影子戏和木偶戏。

一、自身表演

自身表演，即幼儿自己扮演角色进行表演的游戏活动。幼儿的自身表演是比较天真且具有创造性的，他们根据自己担任的角色，按照自己对作品的理解，运用语言、动作、表情等直接进行表演（见图3-4）。

图 3-4　自身表演

二、桌面表演

桌面表演，即在桌面上幼儿运用游戏材料，利用对话形式进行表演的游戏。桌面表演游戏形式灵活、操作方便，幼儿运用语言比动作更多些（见图3-5）。

图 3-5　桌面表演

三、影子戏

影子戏是表演游戏的第三种表演形式，主要是利用灯光投影的原理进行表演，也称为灯影戏，形式新颖、变化快。一般有皮影戏和手影戏两种。

1. 皮影戏

皮影戏是我国最早的传统民间戏曲剧种之一，是让观众通过白色幕布，观看演员操纵平面偶人表演的灯影来达到艺术效果的一种戏剧形式，历史悠久，地方特色鲜明。幼儿能够掌握皮影操作技能，所以皮影戏也深受孩子们的喜爱（见图3-6）。

图3-6 皮影戏

2. 手影戏

在我国，手影戏的历史悠久，是古老的民间传统儿童游戏。幼儿园常玩的影子戏以手影居多（见图3-7）。

图3-7 手影戏

四、木偶戏

传统的木偶指木头制成的偶人，现代人把用瓶子、盒子、蛋壳、泥等各种材料制成的偶人都称为木偶，用木偶再现文艺作品内容的表演称为木偶戏。孩子们喜欢看木偶表演，更喜欢操纵木偶进行游戏。

在幼儿表演游戏中，常见的木偶戏有杖头木偶戏、提线木偶戏、布袋木偶戏和手指木偶戏。

1. 杖头木偶戏

杖头木偶，又称"举偶"，在表演时，表演者一手持连接头部的主杖，一手掌握操纵杆表演（见图3-8）。

图 3-8　杖头木偶戏

2. 提线木偶戏

提线木偶,又称"丝偶",在表演时,表演者操纵由数根丝线连接关节的木偶进行表演(见图 3-9)。

图 3-9　提线木偶戏

3. 布袋木偶戏

布袋木偶,又称"掌中木偶",表演者将木偶套在手上进行表演(见图 3-10)。

图 3-10　布袋木偶戏

4. 手指木偶戏

手指木偶戏,是将小偶人套在手指上进行表演(见图 3-11),既可以使用现成的小偶人进行表演，也可以利用各种材料自制小偶人，手指偶适用于在幼儿园中进行故事表演和幼儿游戏。

图 3-11　手指木偶戏

表演游戏丰富多彩，幼儿可不借用任何道具进行自身表演，也可借助桌面材料进行桌面游戏，可以通过皮影、手开展各类影子戏，还可以使用杖头木偶、提线木偶、布袋木偶和手指木偶等开展木偶戏进行舞台表演和故事讲解。

岗课赛证"加油站"

一、教师资格证相关考点

1. 请扫描二维码，阅读学习案例3-1：从幼儿表演游戏到幼儿自主"戏剧表演"，简述该案例对幼儿发展的作用，以及活动指导的关键要点。

学习案例3-1

2. 请扫描二维码，阅读学习案例3-2：0~3岁婴幼儿游戏，简述0~3岁婴幼儿游戏的概念、特点以及活动指导的关键要点。

学习案例3-2

二、教师资格证真题

【单选题】

1. 幼儿通过塑造角色表现文艺作品内容的游戏是（　　）。

   A. 角色游戏　　　B. 结构游戏　　　C. 智力游戏　　　D. 表演游戏

2. 关于自发性游戏的正确观点是（　　）。

   A. 幼儿园游戏不包括自发性游戏

   B. 自发性游戏不需要教师指导

   C. 教师组织的游戏比自发性游戏有价值

   D. 自发性游戏具有多种教育价值

【论述题】

教育家陈鹤琴认为，幼儿园的教学方法是整个教学，虽然他把教学内容分为健康、社会、科学、艺术和文学，但是他认为，他们之间应该相互贯通，为一个整体，正如人的手指和手掌的关系。请结合陈鹤琴的教育思想，阐述幼儿学习与发展的整体性，并说明在生活中应如何落实。

【材料分析题】

材料：

小班角色游戏时，李老师发现豆豆经常会倒拿着小娃娃脚丫吊起来，一边说："你不乖，我打你！你再哭，我还打！"

问题：

（1）分析豆豆出现这种现象的原因。

（2）李老师之后应该怎么做？

【简答题】

1. 影响学前儿童游戏的个体因素主要有哪些？

2. 游戏满足了幼儿身心发展的哪些需要？

【活动设计题】

大班的江老师出差两天，刚一回来，班上的小朋友就围上来告亮亮的状，说他老搞破坏。江老师把亮亮请来一起解决问题。亮亮说："我不是破坏，我是在表演孙悟空打妖怪！"晶晶一听赶快说："我不是妖怪！我是唐僧！""我也不是妖怪，我是玉皇大帝！""我，我也是孙悟空！""我也要演孙悟空！"孩子们好像忘了告状的事，开始讨论起自己在《西游记》中的角色。

请设计一个谈话活动，从孙悟空行为的目的或意义开始，将幼儿的破坏性扮演行为引导为表演性游戏行为。

要求：写出谈话活动名称、活动目标及活动过程。

工作步骤参考建议　　　岗课赛证参考答案

评价反思

目标	项目要求		评分细则	分值	自评分值	小组评分	教师评分
素养	纪律情况	按时出勤	迟到、早退各出现一次扣2分，旷课一次扣5分	10分			
		积极思考，回答问题	根据平台统计分数折算	10分			
	职业道德	具有科学的游戏观、儿童观和创新意识	能完全根据幼儿的意愿开展游戏活动，游戏指导中有创新意识得10分，其余视情况得3~8分	10分			
知识	识读任务书	了解表演游戏的概念和特点	全部阐述清楚得10分，大部分阐述清楚得6分，其余视情况得1~5分	10分			
		掌握表演游戏经验准备和环境创设要点	全部阐述清楚得10分，大部分阐述清楚得6分，其余视情况得1~5分	10分			
		了解表演游戏观察和记录的方法和内容	全部阐述清楚得5分，部分阐述得3分，其余不得分	5分			
技能	表演游戏的组织与实施	游戏前的准备	完全按照年龄阶段特点进行经验准备、完成游戏环境创设和材料投放得10分，部分按照得6分，其余视情况得1~5分	10分			
		游戏中的指导	完全按照年龄特点，用合理的方式进行游戏指导得10分，部分按照得6分，其余视情况得1~5分	10分			
		游戏后的指导	能够通过适当的方式进行游戏讲评得5分，方法一般得3分，其余不得分	5分			
		观察和评价表演游戏	能够采用恰当的方式进行游戏的观察和评价得10分，方法一般得6分，其余视情况得1~5分	10分			
任务书完成情况	按时保质完成任务书	按时提交	按时提交得5分，其余不得分	5分			
		书写整齐	字迹工整得2分，其余不得分	2分			
		有独到的见解	视情况得1~3分	3分			
合计				100分			
权重	自评20%，小组评分30%，教师50%						

学习笔记

项目四　体育游戏

一、学习目标

知识目标：了解体育游戏的概念和特点；理解体育游戏对幼儿发展的意义；掌握不同年龄段幼儿体育游戏的特点。

能力目标：具备根据年龄特点设计和指导体育游戏的能力；能够对体育游戏进行观察与评价。

素质目标：逐步具备科学的教育观和育德意识；愿意开展幼儿体育游戏；具备开展体育游戏教学的基本素质。

二、学时分配

本项目学时分配见表4-1。

表4-1　学时分配计划

项目四	任务一	任务二	任务三
计划时数	4	2	2

三、项目介绍

本项目包括 3 个任务：小班体育游戏"蚂蚁运粮"组织与实施、中班体育游戏"抢椅子"组织与实施和大班体育游戏"好玩的绳子"组织与实施。依据幼儿园体育游戏活动的组织与实施要求，每个任务都需要按照体育游戏组织与实施任务书（见表 4-2）中的工作步骤来完成。

表 4-2　体育游戏组织与实施任务书

工作步骤 （学习步骤）	工作内容 （学习活动）	工作要求 （学习要求）	备注
步骤一	游戏目标制定	情感目标 知识目标 能力目标	
步骤二	游戏前的准备	玩法设计 环境创设	
步骤三	游戏中的指导 （预设情景）	游戏导入（热身活动） 讲解玩法规则 预设情景	
步骤四	游戏后的指导	放松活动 整理玩具材料 组织讨论游戏	
步骤五	游戏评价	完成观察与记录表 完成体育游戏评价表	

任务一　小班体育游戏 "蚂蚁运粮" 组织与实施

任务情境

近期，小一班正在开展"动物世界"主题，小朋友们对动物产生了浓厚的兴趣。在一次户外自由活动中，婷婷和这几个小朋友自发地模仿小动物在地上"爬行"，还邀请老师一起玩，你接受了邀请，欣然参与其中。在游戏过程中，小朋友们爬的姿势并不协调，他们很好奇老师是怎样爬得又快又好的。于是你决定设计一个"蚂蚁运粮"的体育游戏，与幼儿共同探索爬这个动作的趣味性（见图4-1）。

图4-1　体育游戏"蚂蚁运粮"

为了完成这个工作任务，你需要按照体育游戏组织与实施任务书（见表4-2）中的工作步骤完成所有工作内容。

学习活动一　游戏目标设定

一、识读任务

1. 通过浏览任务书（见表4-2），你认为要完成一个体育游戏活动的组织与实施需要哪些工作步骤？

2. 请参考阅读知识点4.1，回答：什么是体育游戏？体育游戏有什么特点？

3. 为了设定本游戏目标，请先阅读知识点4.2，简要回答：体育游戏能够促进幼儿哪些方面的发展？并举例说明。

二、完成工作步骤一

请扫描二维码，阅读资料 4-1，回顾游戏目标设定的原则，并参考资料 4-2 及游戏案例 4-1，通过小组讨论，共同设定本游戏的各项目标。

资料 4-1　　　　资料 4-2　　　　游戏案例 4-1

情感目标：

_____
_____

知识目标：

_____
_____

能力目标：

_____
_____
_____

学习活动二　游戏前的准备

一、识读任务

1. 请阅读知识点 4.3，回答：体育游戏有哪些分类？

_____
_____
_____

2. 请阅读知识点 4.4，回答：什么是体育游戏的玩法？什么是体育游戏的规则？

_____
_____
_____

二、完成工作步骤二

1. 结合本游戏的目标和小班的年龄特点，小组讨论并设计"蚂蚁运粮"体育游戏的具体玩法和规则。

_____
_____
_____
_____

2. 请参考知识点 4.5 和游戏玩法，讨论：如何进行本游戏的环境规划？并画出环境规划示意图。

环境规划示意图

3. 请参考知识点 4.5 和游戏玩法，讨论：如何进行本游戏的材料投放？

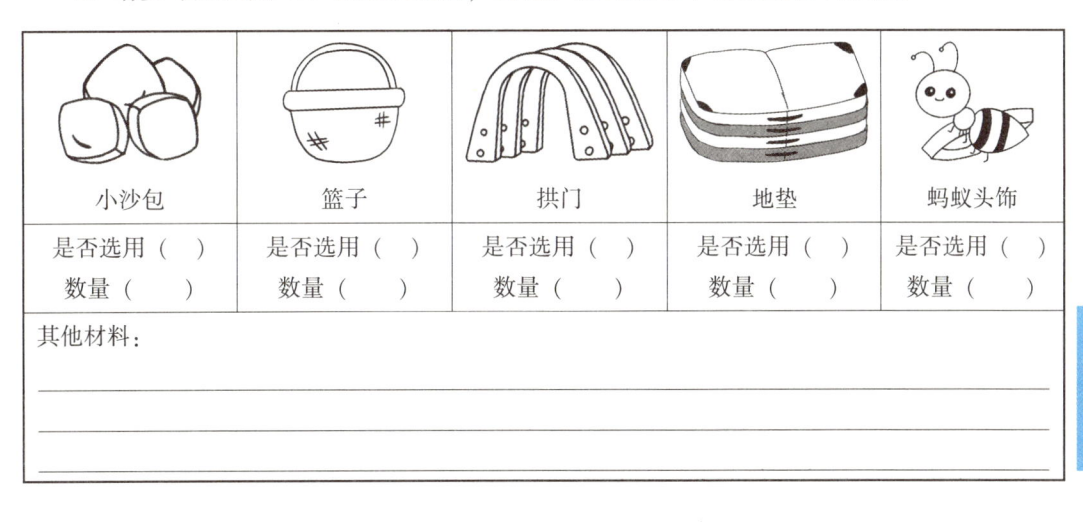

小沙包	篮子	拱门	地垫	蚂蚁头饰
是否选用（　） 数量（　　）	是否选用（　） 数量（　　）	是否选用（　） 数量（　　）	是否选用（　） 数量（　　）	是否选用（　） 数量（　　）
其他材料： 					

学习活动三　游戏中的指导

一、识读任务

1. 请阅读知识点 4.6，回答：体育游戏有哪些指导要点？

_____
_____
_____

2. 请阅读知识点 4.7，回答：体育游戏的热身活动有哪些步骤？

_____
_____
_____

二、完成工作步骤三

1. 请针对小班体育游戏"蚂蚁运粮"的游戏主题和小班的年龄特点进行小组讨论：如何设计热身活动和相应的游戏导入语？

2. 预设情景一：

游戏刚开始的时候，大部分幼儿能够跟着老师一起玩"蚂蚁爬"的游戏，但一段时间过后，很多幼儿开始注意力分散，有的幼儿坐在地上发呆，有的幼儿东张西望，有的幼儿则一个人爬向远处……

针对情景一，小组讨论：应该如何指导？

学习活动四　游戏后的指导

一、识读任务

1. 小组讨论：让幼儿进行放松活动的意义是什么？

二、完成工作步骤四

1. 你会如何为"蚂蚁运粮"游戏设计放松活动？

2. 你会如何组织小班幼儿整理"蚂蚁运粮"游戏的玩具材料？

3. 在组织小班幼儿进行"蚂蚁运粮"游戏讲评时，你会采用什么方法或者通过问哪些问题鼓励幼儿一起参与游戏讲评？

学习活动五 游戏评价

完成工作步骤五

1. 扫码观看视频 4-1，观察游戏中的情景，完成实况记录表（见表 4-3）。

视频 4-1

表 4-3 实况记录表

观察者：	观察对象：
观察时间：	观察地点：
实况记录：（视频）	

2. 根据实况记录表（见表 4-3），完成体育游戏评价表（见表 4-4）。

表 4-4 体育游戏评价表

评价要点	评价内容	评价选项			
		非常符合	比较符合	一般符合	不符合
游戏兴趣	积极主动参与体育游戏				
	游戏中情绪愉悦				
环境规划	有一个公平、安全的心理环境				
	场地规划合理，利用率高				
运动器械的操作	使用率高，操作方法正确				
	能创造性使用材料				
规则意识	能遵守游戏规则，对指令有敏锐的反应力				
社会发展	能与同伴合作、协商，一起完成游戏				
行为习惯	爱惜材料，能有序整理材料并物归原位				
运动量	适宜的运动负荷				
基本动作的掌握	相关动作技能完成的质量好				

任务二　中班体育游戏"抢椅子"组织与实施

任务情境

升上中班后,中一班的班级里经常出现抢玩具、抢椅子等争抢行为。你尝试了一些办法都没有改善这种情况。有一天,你发现几名幼儿自发地玩起交换椅子的游戏来,并且其他幼儿也都很感兴趣。你认为这是一个很好的教育契机,于是决定设计一个以"抢椅子"为主题的体育游戏,希望提升幼儿的规则意识(见图4-2)。

为了组织和实施中班体育游戏"抢椅子"这个工作任务,你需要按照体育游戏组织与实施任务书(见表4-2)中的工作步骤完成所有工作内容。

图 4-2　体育游戏"抢椅子"

学习活动一　游戏目标设定

完成工作步骤一

请扫描二维码,阅读资料4-1,回顾游戏目标设定的原则,并参考资料4-2及游戏案例4-1,进行小组讨论,共同设定本游戏的各项目标。

资料4-1　　　　资料4-2　　　　游戏案例4-1

情感目标:

知识目标:

能力目标:

学习活动二　游戏前的准备

完成工作步骤二

1. 请回顾知识点 4.4，结合本游戏的主题和中班的年龄特点，小组讨论并设计"抢椅子"体育游戏的具体玩法和规则。

_____
_____
_____

2. 请回顾知识点 4.5 和游戏玩法，讨论：如何进行本游戏的环境规划？并画出环境规划示意图。

环境规划示意图

3. 请参考知识点 4.5 和游戏玩法，讨论：如何进行本游戏的材料投放？

音乐：《抢椅子》	小椅子	长椅子	地垫	呼啦圈
是否选用（　）	是否选用（　）	是否选用（　）	是否选用（　）	是否选用（　）
数量（　　）	数量（　　）	数量（　　）	数量（　　）	数量（　　）

其他材料：
_____
_____

学习活动三　游戏中的指导

完成工作步骤三

1. 请针对中班体育游戏"抢椅子"的游戏主题和中班的年龄特点，小组讨论：如何设计热身活动和相应的游戏导入语？

_____
_____
_____

2. 预设情景一：

在"抢椅子"游戏的过程中，其他小朋友都能遵守规则进行游戏。但只有壮壮经常不遵守规则，总是提前抢椅子，哪怕抢慢了也会把其他小朋友推开。问他原因，他说："我不想输掉被淘汰。"

针对情景一，小组讨论：应该如何指导？

_____
_____
_____
_____

3. 预设情景二：

乐乐是个反应比较慢的小朋友，在玩"抢椅子"的过程中，总是在前几轮就"淘汰出局"。于是他就坐在一边无所事事起来，也不关注其他幼儿的表现。他在这里摸一摸，往那里看一看，逐渐游离在游戏之外……

针对情景二，小组讨论：应该如何指导？

_____
_____
_____
_____

学习活动四　游戏后的指导

完成工作步骤四

1. 你会如何为"抢椅子"游戏设计放松活动？

_____
_____
_____
_____
_____

2. 你会如何组织中班幼儿整理"抢椅子"游戏的玩具材料?

_____
_____
_____
_____

3. 在游戏讲评环节,你会如何鼓励幼儿分享游戏经验?

_____
_____
_____
_____
_____

学习活动五　游戏评价

完成工作步骤五

1. 扫码观看视频 4-2,观察游戏中的情景,完成实况记录表(见表 4-5)。

视频 4-2

表 4-5　实况记录表

观察者:	观察对象:
观察时间:	观察地点:
实况记录:(视频)	

2. 根据实况记录表（见表 4-5），完成体育游戏评价表（见表 4-6）。

表 4-6　体育游戏评价表

评价要点	评价内容	评价选项			
		非常符合	比较符合	一般符合	不符合
游戏兴趣	积极主动参与体育游戏				
	游戏中情绪愉悦				
环境规划	有一个公平、安全的心理环境				
	场地规划合理，利用率高				
运动器械的操作	使用率高，操作方法正确				
	能创造性使用材料				
规则意识	能遵守游戏规则，对指令有敏锐的反应力				
社会发展	能与同伴合作、协商，一起完成游戏				
行为习惯	爱惜材料，能有序整理材料并物归原位				
运动量	适宜的运动负荷				
基本动作的掌握	相关动作技能完成的质量好				

任务三　大班体育游戏"好玩的绳子"组织与实施

任务情境

近期,大三班的小朋友开始练习跳绳了。静静的运动能力一般,也不太喜欢运动,所以总是学不会跳绳,久而久之就对跳绳产生了抵触情绪。据你观察,存在类似现象的幼儿不止一个。因此,你决定设计一个体育游戏,让小朋友们重新喜欢上绳子这个"运动好伙伴"(见图4-3)。

为了组织和实施大班体育游戏"好玩的绳子"这个工作任务,你需要按照体育游戏组织与实施任务书(见表4-2)中的工作步骤完成所有工作内容。

图4-3　体育游戏"好玩的绳子"

学习活动一　游戏目标设定

完成工作步骤一

请扫描二维码,阅读资料4-1,回顾游戏目标设定的原则,并参考资料4-2及游戏案例4-1,通过小组讨论,共同设定本游戏的各项目标。

资料4-1　　　资料4-2　　　游戏案例4-1

情感目标:
_____
_____

知识目标:
_____
_____

能力目标:
_____
_____

学习活动二　游戏前的准备

完成工作步骤二

1. 请回顾知识点 4.4，结合本游戏的主题和大班的年龄特点，小组讨论并设计"好玩的绳子"体育游戏的具体玩法和规则。

_____
_____
_____
_____
_____

2. 请回顾知识点 4.5 和游戏玩法，讨论：如何进行本游戏的环境规划？并画出环境规划示意图。

环境规划示意图

3. 请参考知识点 4.5 和游戏玩法，讨论：如何进行本游戏的材料投放？

长绳	短绳	篮子	轮胎	记分牌
是否选用（　） 数量（　）	是否选用（　） 数量（　）	是否选用（　） 数量（　）	是否选用（　） 数量（　）	是否选用（　） 数量（　）

其他材料：
_____
_____

108

学习活动三　游戏中的指导

完成工作步骤三

1. 请针对大班体育游戏"好玩的绳子"的游戏主题和大班的年龄特点进行小组讨论：如何设计热身活动和相应的游戏导入语？

_____
_____
_____
_____
_____
_____

2. 预设情景一：

游戏开始了，静静拿着绳子站在一边发呆，也不和其他小朋友一起玩。你询问："你为什么一个人在这里，不和小朋友一起玩呢？"她回答："我找不到人和我一起玩。"在你的不断鼓励下，她再次尝试寻找同伴，但因为她能力较弱，其他小朋友都不愿意和她一起玩。

针对情景一，小组讨论：应该如何指导？

_____
_____
_____
_____
_____
_____

3. 预设情景二：

在自由探索玩法环节，大部分小朋友想不出新的玩法，只有浩浩小朋友想出来把绳子卷起来投掷的玩法。其他小朋友看到了，都争相模仿，但是大家扔绳子的方式各不相同，有些小朋友没有把绳子卷起来，导致扔不远；有些小朋友把绳子扔到了运动场地外；还有些小朋友扔到了别人的身上……

针对情景二，小组讨论：应该如何指导？

_____
_____
_____
_____
_____
_____

4. 预设情景三：（根据游戏中可能会出现的场景，自行设计情景三）

针对情景三，小组讨论：应该如何指导？

学习活动四　游戏后的指导

完成工作步骤四

1. 你会如何为"好玩的绳子"游戏设计放松活动？

2. 你会如何组织大班幼儿整理"好玩的绳子"游戏的玩具材料？

3. 在游戏讲评环节，你会如何鼓励幼儿分享游戏经验？

学习活动五　游戏评价

完成工作步骤五

1. 扫码观看视频 4-3，观察游戏中的情景，完成实况记录表（见表 4-7）。

视频 4-3

表 4-7　实况记录表

观察者：	观察对象：
观察时间：	观察地点：
实况记录：（视频）	

2. 根据实况记录表（见表 4-7），完成体育游戏评价表（见表 4-8）。

表 4-8　体育游戏评价表

评价要点	评价内容	评价选项			
^	^	非常符合	比较符合	一般符合	不符合
游戏兴趣	积极主动参与体育游戏				
^	游戏中情绪愉悦				
环境规划	有一个公平、安全的心理环境				
^	场地规划合理，利用率高				
运动器械的操作	使用率高，操作方法正确				
^	能创造性使用材料				
规则意识	能遵守游戏规则，对指令有敏锐的反应力				
社会发展	能与同伴合作、协商，一起完成游戏				
行为习惯	爱惜材料，能有序整理材料并物归原位				
运动量	适宜的运动负荷				
基本动作的掌握	相关动作技能完成的质量好				

项目四　体育游戏

111

项目知识点

知识点 4.1 体育游戏概述

一、体育游戏的概念

体育游戏是以各种基本动作为主要内容,以身体练习为基本手段,以增强体质、娱乐身心、陶冶情操为目的,具有一定角色、情节、规则的一种有组织的体育活动。

幼儿的体育游戏不同于表演游戏、结构游戏和角色游戏,它由各种基本动作组成,有严格的规则,有明确的结果,是以发展幼儿身心为目的的一种锻炼活动。

二、体育游戏的特点

1. 教育性

《幼儿园教育指导纲要(试行)》(以下简称《纲要》)指出:"幼儿园必须把保护幼儿的生命和促进幼儿的健康放在工作的首位",要求幼儿园"开展丰富多彩的户外游戏和体育活动,培养幼儿参加体育活动的兴趣和习惯,增强体质,提高对环境的适应能力"。

幼儿园体育工作任务主要通过体育活动和体育游戏两条途径来完成。体育活动包括早操、体育教学活动、户外体育活动等常规锻炼方式,更加侧重其锻炼的属性;而体育游戏除了锻炼之外,还具有趣味性和竞技性。体育游戏与一般体育活动相比,能够更全面地发展幼儿的身心。因此,幼儿园的体育游戏是幼儿园开展健康教育的重要方式,具有教育性。

2. 健身性

体育游戏是以各种基本动作为主要内容,以身体练习为基本手段,以增强体质、娱乐身心、陶冶情操为目的的一种活动。幼儿在游戏中能够规范运动姿势和动作要领,有助于幼儿的生长发育。

体育游戏将基本动作技能的锻炼寓于趣味性很强的活动之中,幼儿在游戏中完成各种基本动作的练习。体育游戏对于激发幼儿的体育活动兴趣,促进其以体能为主的各方面发展具有独特的作用。体育游戏中富含改变运动和动作信号的特征,既锻炼了幼儿的神经系统,同时也能够完善和平衡幼儿的兴奋和抑制过程。

3. 趣味性

游戏具有自主自发的特征,体育游戏一般在户外开展,对于幼儿来讲,体育游戏就是一种解放身心的活动。幼儿体育游戏的趣味性主要体现在情节性和竞赛性两方面。大多数的幼儿体育游戏都带有一定的情节，并设置各种不同的角色，这非常符合幼儿爱模仿、好扮演的特点。这种情节性可以吸引幼儿直观形象地进入游戏环节中，而环节设置中的层次性和挑战性则能够激发幼儿在游戏过程中的好胜心，将游戏推向高潮。

知识点 4.2　体育游戏与幼儿的发展

一、体育游戏促进幼儿运动技能发展

《幼儿园工作规程》规定幼儿园每日户外活动的时间不得少于 2 小时，寄宿制幼儿园不得少于 3 小时，每日户外体育活动不得少于 1 小时，保证了幼儿运动的时间。游戏特别是户外的运动性游戏可以促进幼儿基本动作的发展，使大肌肉运动技能和精细动作运动技能在游戏中得到练习。例如，整合走、跑、跳、攀登等动作的体育游戏可以锻炼幼儿大肌肉群的活动能力。在日复一日的练习中，人体的呼吸系统、运动系统等都会积极地参与其中，幼儿的走、跑、跳等基本动作得到了发展，速度、力量、耐力、灵敏度、协调性和柔韧性等身体素质也得以提高，进而有助于促进幼儿生长发育，助力幼儿健康成长。

二、体育游戏促进幼儿社交能力发展

体育游戏为规则游戏，游戏中常常要求幼儿学会合作、遵守规则、解决问题。例如，多人合作跳绳需要幼儿合作，有人摇绳，有人跳绳；摇绳子的人不能把绳子摇得太高、太快，否则容易绊倒跳绳的伙伴；跳绳的人要排好队，一个接着一个跳；还需要按照一定的规则，轮流摇绳和跳绳。在这个过程中，幼儿的社会性交往能力得到了发展。

三、体育游戏促进幼儿智力发展

体育游戏通过身体活动加快血液循环，促进了脑的发育，为幼儿智力的发展提供了更好的物质基础。体育游戏培养了幼儿的思维能力、创造能力和竞争能力。在张弛结合的体育游戏中，幼儿神经系统的灵活性和均衡性得到了改善。形象的、富有情感的体育游戏对于完善幼儿的心理过程具有重大意义。幼儿可以通过体育游戏，发展目测力和空间听觉定位能力，理解时间、空间等抽象概念，并学到相关的知识。

四、体育游戏促进幼儿意志品质发展

体育游戏的规则要求幼儿必须学会控制自己的行为，遵守游戏规则，以保证游戏的顺利进行。体育游戏能培养幼儿适应集体活动，并学习关心集体，相互协作，自觉遵守规则，也能锻炼幼儿在游戏过程中克服自私自利的心理和其他负面情绪的能力。体育游戏有助于培养幼儿勇敢顽强、机智灵活、不屈不挠、不怕困难等优良品质，还可以培养他们的责任感和互助友爱的精神，以及活泼开朗、乐观向上的性格。

知识点 4.3 体育游戏的分类

一、按照幼儿发展动作进行分类

按照幼儿发展动作的不同，可将体育游戏分为：发展基础运动能力的动作，如走、跑、跳跃、攀登、钻爬、抛和投掷等基本动作和提高身体素质的动作；简单的运动技术，如球类、体操等运动项目的基本技术；体育游戏本身所特有的动作，如夹包、踢毽子、跳皮筋等游戏中的动作；模拟动作和简单的舞蹈动作；生活动作，如穿衣、背物等动作。

二、按照活动形式进行分类

按照活动形式可将幼儿体育游戏分为接力游戏、追逐游戏、争夺游戏、角力游戏和猜摸游戏等。

接力游戏是以接力的形式进行分组竞赛的游戏；追逐游戏一般指游戏者追逐他人或球，训练幼儿奔跑及反应力的竞争游戏，如"丢手绢""切西瓜"等；争夺游戏是为争夺一定的物品或位置进行的一种斗智比速游戏，如球类游戏、"抢椅子"游戏等；角力游戏指游戏者相互比较力量、斗智斗勇的对抗性游戏，如"斗鸡"、拔河等；猜摸游戏指蒙住游戏者的眼睛，利用听觉、触觉和平衡觉来进行运动和猜物的游戏。

三、按照是否使用器械进行分类

依据器械使用情况的不同，可将幼儿体育游戏分为器械类游戏和徒手游戏。通常我们把幼儿体育游戏中使用的器械分为常规器械、传统民间器械和直接利用的废旧器械等。其中，常规器械有大型组合器材、海绵垫、跨栏、平衡木、桌子、椅子、绳子、篮球、足球、乒乓球、吊环和呼啦圈等；传统民间器械有沙包、毽子、陀螺和小推车等；直接利用的废旧器械有易拉罐（可做障碍物）、废旧轮胎等。

四、依据组织形式进行分类

依据组织形式的不同，可将幼儿体育游戏分为自主性体育游戏活动和教学性体育游戏活动。

自主性体育游戏是以幼儿为主，幼儿自定运动形式、自选运动器械、自由组合玩伴的游戏。例如，中班幼儿玩跳绳既可以个人创编跳绳的玩法，也可以结伴创编——用跳绳做游戏，玩"开火车""跳图形"和"转起来"的游戏。

教学性体育游戏是以教师为主，为完成一定的教学目标而组织的教学性游戏活动。这类游戏一般是集体游戏。如中班游戏"有趣的山洞"主要是教师为了让幼儿熟练掌握"正面钻""侧面钻"的动作而设计的。此外，该游戏还要求幼儿探索多种过"山洞"的办法，尝试用匍匐前进、四肢贴地前行、仰躺于地双脚蹬地后移等方法。

知识点 4.4　体育游戏的玩法和规则

一、体育游戏玩法

游戏玩法是根据游戏的目的和特点设计的具体操作方法。游戏的玩法包括如何开始游戏、怎么进行游戏以及怎样结束游戏。不同的游戏有不同的玩法，如体育游戏"小矮人走"比赛，开始前需要请儿童蹲下走路，游戏过程中不得站立，模仿小矮人走路，一起走到规定的地方，最先到达的小组获胜。游戏的玩法需要围绕游戏的目的进行，并且需要具有一定的趣味性，以引起幼儿的兴趣，使其愿意主动参与游戏。

二、体育游戏规则

游戏规则是游戏者在游戏过程中必须遵守的准则，包括规定的活动或动作的顺序，以及游戏中被允许和被禁止的行为等。规则是规则性游戏的核心，在游戏中起到组织、指导、调整幼儿行为的作用，是游戏顺利进行和趣味性的保障，也是评价规则性游戏是否有效的依据。每个体育游戏都应事先拟定游戏规则，不同的体育游戏有不同的规则，同一个游戏参与者不同，遵守的规则也可以不同。规则也可以根据参与者在游戏中的具体状态进行调整。

知识点 4.5　体育游戏的环境创设和材料投放

安全第一，要确保场地和投放材料的安全。首先，尽可能选择宽敞的游戏空间并提供柔软的地面，如沙地、草地和塑胶场地，并注意排查场地中是否有突兀的、尖锐的危险物，如奔跑区应避免靠近墙壁、水池、花坛、楼梯及有尖锐枝杈的小树等。合理调节幼儿的间距，可有效防止跌伤、碰撞等事故的发生。其次，要确保器械器材的安全。大型体育器械等要定期检查、修理，尤其注意器材的接头处是否松散，零件是否脱落，摆放是否安全可靠、牢固结实；幼儿的服装应符合进行运动游戏的要求，如衣服不要过长，腰带不宜过紧，鞋带要系好，身上不能有尖锐的物品等。最后，要有安全的心理环境，让幼儿有充分参加游戏活动的机会，在游戏中有自由感、被认可感，能按自己的经验和愿望开展游戏。场地和器材作为运动游戏开展的物质基础，会影响游戏的效果。如大班幼儿进行"人枪虎"游戏，如果场地过小，跑的距离太近，就会从以发展快速奔跑能力为主变为以发展灵敏性为主了。因此，教师要熟悉游戏对场地和器械的要求，做到心中有数，并能根据实际情况灵活、合理地利用现有场地。有些运动游戏要借助运动器械来进行，不论何种运动器械，都要符合安全标准要求，也不可随意替换或取消，以免影响动作的质量和幼儿对游戏的兴趣。如在大班"炸敌堡"游戏中，以几块积木搭成的矮墙代替皮筋拉成的高 30 厘米的矮墙会造成幼儿"跳"的动作变形，用积塑代替沙袋投掷，在命中目标后又会弹跳出来，造成屡投不中。幼儿园常见体育器材分类见表 4-9。

表 4-9　幼儿园常见体育器材分类

类别	器材
奔跑类	螺旋跑、蛇形跑：可投放滚铁环、风火轮、独轮车、标志物（可乐瓶、雪糕筒）等； 往返跑：可投放红旗、风车、小筐等； 听信号变向变速跑：可投放小汽车、信号灯、交通标志等； 自由追逐跑：可投放马缰绳、带魔术贴的尾巴、带魔术贴的背心和绒毛玩具、小背篓等； 躲闪跑：可投放沙包、棉布包、盾牌和软剑等； 合作跑：可投放担架、舞龙、大抬筐、花轿等
跳跃类	不同方向连续跳：圈、自制小荷叶、小脚印、跳跳袋、软棍、竹竿等； 行进间连续跳：跳房子（跳格子）的图形、小脚印等； 原地纵跳：悬挂物、跳跳床、跳跳链等； 向下跳：桌子、椅子、垫子、跳跃刻度尺等； 立定跳远：跳跃刻度尺、小荷叶、小脚印等； 助跑跨跳：小跨栏、不同高度和宽度的障碍物、平面小河、纸棒、废旧月饼盒、鞋盒、布袋、短绳、大绳、轮胎等； 撑跳：平衡板、小鞍马等
投掷类	双手、头上、胸前、腹前的投掷材料：球类、沙包、纸篓、背篓等； 肩上、肩侧的投掷材料：沙包、球类、纸飞机、飞盘、飞镖、纸盒等
平衡类	平衡木、单梯、双梯、平衡板、高跷、梅花桩、树墩、滑板等
钻爬类	手膝着地爬：拱形门、垫子； 手脚着地爬："电网"； 匍匐爬：爬网； 正面钻：桌子、拱形门； 侧面钻：爬网、拱形门； 仰爬：爬网； 滚翻：垫子、滚筒等
攀登类	攀登架、攀登网、攀登绳、轮胎堆、爬梯或自然的台阶、斜坡、小山等
悬垂类	单杠或双杠
球类	小篮球、小足球、纸球、布球

知识点 4.6 各年龄班幼儿体育游戏的特点与指导要点

年龄班	特点	材料投放	指导要点
小班	1. 小班幼儿还未掌握基本的动作要素； 2. 以独自活动和平行游戏为主，不喜欢玩有竞争性、运动量大的活动； 3. 身体运动缺乏节奏感和协调性	提供数量充足的、操作简单易模仿、促进其平衡、走、跑能力发展的活动材料	1. 为小班初期的幼儿选择动作简单、活动量小、规则简单、有角色扮演、易于理解和模仿的游戏； 2. 以游戏伙伴的身份与幼儿共同游戏，以积极的情绪感染幼儿； 3. 以动作示范为主带领和帮助幼儿学习游戏； 4. 注意发现幼儿的游戏兴趣，及时调整游戏内容，或增加游戏情节以维持幼儿的兴趣； 5. 游戏评价应当注意肯定幼儿在游戏中的积极表现，总结游戏中的新玩法，帮助幼儿积累必要的游戏经验
中班	1. 与小班幼儿相比，中班幼儿的身体动作发展有了明显的进步，能掌握较为复杂的动作； 2. 能较好地控制自己的身体运动； 3. 身体运动的节奏感与协调性得到明显改善，但仍缺乏流畅性，显得较笨拙； 4. 在游戏中能遵守一定的规则，具有初步自我控制的能力，活动的持久性、目的性和专注性都有比较明显的提高，对游戏的趣味性和娱乐性的要求也明显提高； 5. 喜欢集体游戏，但对竞赛性游戏的目的性意识不强，注重过程而不是结果，对角色鲜明的互补性规则游戏更感兴趣	1. 设计外形上能吸引幼儿目光、功能上能激发幼儿参与欲望的材料； 2. 提供各式各样的户外游戏材料，既可以是成品，也可以是半成品，以此来激发幼儿的创造力	1. 引导幼儿去探索和获得各种运动经验，可适当增加游戏动作的难度； 2. 注意加强幼儿的规则意识和对游戏规则的理解，通过示范、讲解，帮助幼儿掌握游戏的玩法，理解规则，帮助幼儿学习解决游戏中的简单问题； 3. 可多给幼儿选择和介绍互补性的规则游戏（如追逐游戏）

项目四 体育游戏

117

续表

年龄班	特点	材料投放	指导要点
大班	1. 与中班幼儿相比，大班幼儿能够按照任务要求，把各种动作技能整合成协调准确、熟练有效的适当活动，是基础运动能力的成熟时期； 2. 大班幼儿的规则意识逐步形成，开始理解规则的意义，能够根据规则来比较大家的表现，把遵守共同规则理解为游戏的条件； 3. 开始对游戏结果产生兴趣，出现想赢的心理； 4. 大班幼儿喜欢变化性大、竞赛性强、运动量大的游戏	1. 投放一些有挑战性的，具有较高锻炼作用，结构稍微复杂一些的材料； 2. 投放具有一定成人化运动器材元素的材料	1. 为大班幼儿选择的游戏以全班幼儿都能参加的户外集体竞赛性游戏为宜，多为他们选择具有挑战性、需要运用一定策略的游戏； 2. 以简明生动的语言、适当的示范，帮助幼儿了解游戏的玩法，理解游戏规则； 3. 逐渐向幼儿介绍运动技能的质量标准，对幼儿的身体运动活动加以有计划、有目的的指导； 4. 对不同性格和能力的幼儿应当采取不同的指导方法

知识点 4.7 体育游戏的热身活动

体育活动正式开始前,教师应组织幼儿进行热身活动。热身活动主要有以下两个步骤。

一、观察幼儿着装

观察并提醒幼儿做好着装准备。活动前观察幼儿的服装是否符合体育游戏的要求,穿戴是否安全,提醒幼儿扣好衣物,系好鞋带。

二、集合排队,进行热身活动

游戏开始前需要对幼儿进行集合开始信号的训练,可以采用铃鼓、响铃、哨声等特定的声音进行集合,也可以通过儿歌进行集合,或是用过渡性游戏进行集合。如用儿歌集合,教师唱"一二三四五六七,我的朋友在哪里",儿童唱"你的朋友在这里"并集合到老师面前。集合后进行热身活动,热身运动能够提高幼儿肌肉温度,促进肌肉组织代谢,增加肌肉、韧带的弹性和伸展性,起到保护身体、预防运动损伤的作用。同时还能够提高神经系统的兴奋性,使大脑皮层处于最佳状态,帮助幼儿进入体育活动情境中来。热身活动的主要形式有象形运动、唱游热身操、体能器材热身、幼儿体操、肢体动作热身操等。

岗课赛证"加油站"

一、教师资格证相关考点

1. 请扫描二维码，阅读资料4-3，简述安吉游戏的意义。

资料4-3

二、教师资格证真题

【材料分析题】

1. 材料：

小班入园第二周，王老师发现小雅在餐点与运动后，仍会哭着要妈妈，老师抱她，感觉她身体绷得紧，问她要不要去小便，她摇头。老师又问："要不要去大便？"她点头。老师牵她到卫生间，她只拉了一点就离开了。过一会儿，她又哭了。老师给她新玩具和她一起玩游戏，但她的情绪还是不好。离园时，老师与她妈妈约谈，了解到小雅在幼儿园拉不出大便。第二天早操后，小雅又哭了，老师蹲下轻声问："小雅是想上厕所了吗？"她点头。老师带她去上厕所，她又只拉一点就站起来。"老师陪你多蹲一会儿，把大便都拉出来，好吗？"小雅又蹲下，但频频回头。这时，自动冲厕水箱的水"哗"的一声冲水，小雅"哇哇"大哭，扑到老师身上。老师紧紧地抱住她，轻柔地说："老师抱着你，好吗？"老师将水箱龙头关小，把小雅抱到离冲水远一点的位置蹲下，小雅顺利拉完大便。连续一段时间，老师们轮流陪小雅上厕所，并指导她观察、了解水箱装满水会自动冲水清洁厕所。小雅渐渐适应了幼儿园的厕所，笑容回到了脸上。

问题：

请分析上述材料中教师的适宜行为。

2. 材料：

操场上新安装了一个投篮架。幼儿经常在这里玩投篮游戏。一天，几个幼儿带着笔刷和水桶来到这里，他们先是快乐地粉刷投篮架，之后开始往篮筐里灌水，有的从上面灌，有的在下面灌，再灌，再接……相互配合，反反复复，忙得不亦乐乎。

问题：

是否应支持这些幼儿的行为？请说明理由。

3. 材料：

教师在户外投放一些"拱桥"（见图4-4），希望幼儿通过走"拱桥"提高平衡能力。但是，有幼儿却将他们翻过来，玩起了"运病人"游戏（见图4-5）。他们有的拖、有的推、有的抢……玩得不亦乐乎。对此，两位教师反应不同。A教师认为应立即劝阻，并引导幼儿走"拱桥"；B教师认为不应阻止，应支持幼儿新玩法。

图4-4　走"拱桥"

图4-5　"运病人"

问题：

你更赞同哪位老师的想法？为什么？你认为"运病人"游戏有什么价值？

4. 材料：

几个幼儿正在玩游戏，他们把竹片连接起来，想让乒乓球从一头开始沿竹槽滚动，然后落在一定距离外的竹筒里。游戏过程中，他们遇到了很多困难，如球从竹片间掉落（见图4-6）；竹片连成的"桥"太陡，球怎么也落不到竹筒里（见图4-7）……他们通过不断努力，终于让球滚到了竹筒里。

图4-6　游戏情景1

图4-7　游戏情景2

问题：

幼儿可以从上述活动中获得哪些经验？请结合材料分析说明。

【面试真题】

1. 题目《拍手掌》
2. 内容
（1）教师讲清楚游戏规则。
（2）带领幼儿做游戏，对幼儿进行游戏指导。
（3）请在10分钟内完成上述任务。
老师手掌拍得快，小朋友走路走得快；老师手掌拍得慢，小朋友就慢慢走；拍两下手掌就立定站好。
3. 基本要求：
（1）教师讲清楚游戏规则。
教师理解游戏规则，使用符合幼儿认知特点的语言，帮助幼儿理解游戏规则。
（2）带领幼儿做游戏，对幼儿进行游戏指导。
教学基本适合幼儿的特点，能激发幼儿的兴趣，适合幼儿的能力水平；能够预设幼儿在游戏中的不同反应，对幼儿进行指导。
（3）请在10分钟内完成上述任务。

答辩题目
1. 你工作的幼儿园是否组织过相关游戏？平时都做一些什么游戏？［基础信息类］ 2. 你是什么专业的？你有工作经验吗？［基础信息类］

工作步骤参考建议　　岗课赛证参考答案

评价反思

目标	项目要求		评分细则	分值	自评分值	小组评分	教师评分
素养	纪律情况	按时出勤	迟到、早退各出现一次扣2分，旷课一次扣5分	10分			
		积极思考，回答问题	根据平台统计分数折算	10分			
	职业道德	具有科学的游戏观、儿童观、教育观、创新意识和育德意识	能完全根据幼儿的意愿开展游戏活动，游戏指导中有创新意识和育德意识得10分，其余视情况得3~8分	10分			
知识	识读任务书	了解体育游戏的概念和特点	全部阐述清楚得10分，大部分阐述清楚得6分，其余视情况得1~5分	10分			
		掌握体育游戏经验准备和环境创设要点	全部阐述清楚得10分，大部分阐述清楚得6分，其余视情况得1~5分	10分			
		了解体育游戏观察和记录的方法和内容	全部阐述清楚得5分，部分阐述得3分，其余不得分	5分			
技能	体育游戏的组织与实施	游戏前的准备	完全按照年龄阶段特点完成游戏环境创设、材料投放以及热身运动得10分，部分按照得6分，其余视情况得1~5分	10分			
		游戏中的指导	完全按照年龄特点，用合理的方式进行游戏指导得10分，部分按照得6分，其余视情况得1~5分	10分			
		游戏后的指导	有放松运动，能够通过适当的方式进行游戏讲评得5分，方法一般得3分，其余不得分	5分			
		观察和评价表演游戏	能够采用恰当的方式进行游戏的观察和评价得10分，方法一般得6分，其余视情况得1~5分	10分			
任务书完成情况	按时保质完成任务书	按时提交	按时提交得5分，其余不得分	5分			
		书写整齐	字迹工整得2分，其余不得分	2分			
		有独到的见解	视情况得1~3分	3分			
合计				100分			
权重	自评20%，小组评分30%，教师50%						

项目五　智力游戏

一、学习目标

知识目标：了解智力游戏的概念和特点；理解智力游戏对幼儿发展的意义；掌握不同年龄段幼儿智力游戏的特点。

能力目标：具备根据年龄特点设计和指导智力游戏的能力；能够对智力游戏进行观察与评价。

素质目标：逐步具备科学的教育观和育德意识；愿意开展幼儿智力游戏；具备开展智力游戏教学的基本素质。

二、学时分配

本项目学时分配见表 5-1。

表 5-1　学时分配计划

项目五	任务一	任务二	任务三
计划时数	4	2	2

三、项目介绍

本项目包括3个任务：小班智力游戏"吸吸乐"组织与实施、中班智力游戏"谁和谁好"组织与实施和大班智力游戏"猜猜我是数字几"组织与实施。依据幼儿园智力游戏活动的组织与实施要求，每个任务都需要按照智力游戏组织与实施任务书（见表5-2）中的工作步骤来完成。

表5-2　智力游戏组织与实施任务书

工作步骤 （学习步骤）	工作内容 （学习活动）	工作要求 （学习要求）	备注
步骤一	游戏目标设定	情感目标 知识目标 能力目标	
步骤二	游戏前的准备	玩法设计 环境创设	
步骤三	游戏中的指导 （预设情景）	游戏导入 讲解示范玩法规则 预设情景	
步骤四	游戏后的指导	愉快结束游戏 整理玩具材料 组织讨论游戏	
步骤五	游戏评价	完成观察与记录表 完成智力游戏评价表	

任务一　小班智力游戏"吸吸乐"组织与实施

任务情境

最近你发现小班的小朋友对数数比较有兴趣。为了帮助小朋友正确感知 5 以内的数量，理解数字 1—5 的实际意义，你准备利用幼儿感兴趣的彩色圆形纸片，通过使用吸管吸取不同数字彩色纸片的方式，为幼儿设计一个"吸吸乐"的游戏，让幼儿在吸纸片的快乐游戏中理解数字的实际意义，同时加深对颜色的认识（见图 5-1）。

为了完成这个工作任务，你需要按照智力游戏组织与实施任务书（见表 5-2）中的工作步骤完成所有工作内容。

图 5-1　智力游戏"吸吸乐"

学习活动一　游戏目标设定

一、识读任务

1. 请参考阅读知识点 5.1，回答：什么是智力游戏？智力游戏有什么特点？

2. 为了设定本游戏目标，请你先阅读知识点 5.2，简要回答：智力游戏促进幼儿哪些方面的发展？并举例说明。

二、完成工作步骤一

请扫描二维码，阅读资料 5-1，回顾游戏目标设定的原则，并参考资料 5-2 及游戏案例 5-1，通过小组讨论，共同设定本游戏的各项目标。

资料 5-1　　　　　资料 5-2　　　　　游戏案例 5-1

情感目标：

知识目标：

能力目标：

学习活动二　游戏前的准备

一、识读任务

1. 请阅读知识点 5.3，回答：智力游戏有哪些种类？

2. 请阅读知识点 5.5，回答：什么是智力游戏的玩法？什么是智力游戏的规则？

二、完成工作步骤二

1. 结合本游戏的目标和小班的年龄特点，小组讨论并设计"吸吸乐"智力游戏的具体玩法和规则。

2. 请参考知识点 5.4，讨论：如何进行本游戏的环境规划？并画出环境规划示意图。

环境规划示意图

3. 请参考知识点 5.4 和 5.6，讨论：如何进行本游戏的材料投放？

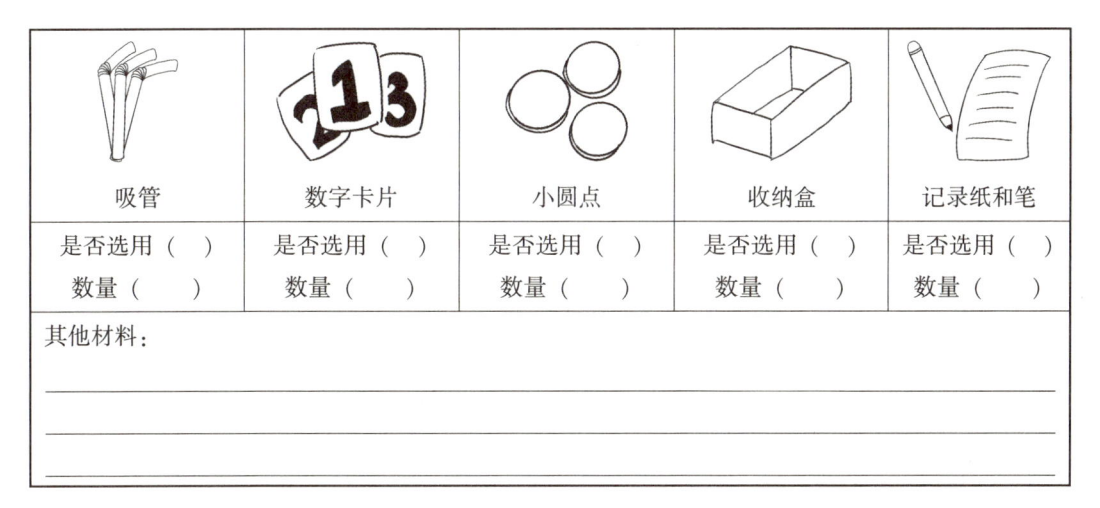

吸管	数字卡片	小圆点	收纳盒	记录纸和笔
是否选用（　） 数量（　）	是否选用（　） 数量（　）	是否选用（　） 数量（　）	是否选用（　） 数量（　）	是否选用（　） 数量（　）
其他材料：				

学习活动三　游戏中的指导

一、识读任务

1. 请阅读知识点 5.6，回答：智力游戏有哪些指导要点？

二、完成工作步骤三

1. 请针对小班智力游戏"吸吸乐"的游戏主题和小班的年龄特点进行小组讨论：

如何设计相应的游戏导入语？

2. 预设情景一：

游戏规则讲解完之后，小朋友们都开始按照卡片上的数点，吸出相应数量的纸片圆点。童童在用吸管吸取纸片圆点，但是动作好像不是很协调，吸了半天，一个纸片圆点也没有吸上来。他有些着急了，看着其他小朋友都吸起来了好几个，情急之下，他开始用手抓取桌子上的纸片圆点放进盒子里面……

针对情景一，小组讨论：应该如何指导？

学习活动四　游戏后的指导

完成工作步骤四

1. 你会如何组织小班幼儿整理"吸吸乐"游戏的玩具材料？

2. 在组织小班幼儿进行"吸吸乐"游戏讲评时，你会采用什么方法或者通过问哪些问题鼓励幼儿一起参与游戏讲评？

学习活动五　游戏评价

完成工作步骤五

1. 扫码观看视频 5-1，观察游戏中的情景，完成实况记录表（见表 5-3）。

视频 5-1

表 5-3　实况记录表

观察者：	观察对象：
观察时间：	观察地点：
实况记录：（视频）	

2. 根据实况记录表（见表 5-3），完成智力游戏评价表（见表 5-4）。

表 5-4　智力游戏评价表

评价要点	评价内容	评价选项			
		非常符合	比较符合	一般符合	不符合
游戏兴趣	积极主动参与智力游戏				
	游戏中情绪愉悦				
材料使用	使用率高，操作方法正确				
	能创造性使用材料				
游戏经验	知识经验丰富，在游戏中积极思考，主动解决问题				
	能感知各种事物的属性，有想象力、创造力				
规则意识	能遵守游戏规则，对指令有敏锐的反应力				
角色分配	积极主动分配				
社会发展	能与同伴合作、协商一起完成游戏				
行为习惯	爱惜材料，能有序整理材料并物归原位				

任务二　中班智力游戏"谁和谁好"组织与实施

任务情境

中班小朋友刚刚学完儿歌《谁和谁好》。为了进一步激活孩子的学习热情并拓展已有的经验，你打算采用智力游戏的方式，为孩子们设计一个"谁和谁好"的游戏，让幼儿的已有经验间建立相关联系，并进行一种思维的训练。帮助幼儿在愉快的游戏中，理解和掌握同一种事物如何与多种事物进行联系（见图5-2）。

为了组织和实施中班智力游戏"谁和谁好"这个工作任务，你需要按照智力游戏组织与实施任务书（见表5-2）中的工作步骤完成所有工作内容。

图5-2　智力游戏"谁和谁好"

学习活动一　游戏目标设定

完成工作步骤一

请扫描二维码，阅读资料5-1，回顾游戏目标设定的原则，并参考资料5-2及游戏案例5-1，通过小组讨论，共同设定本游戏的各项目标。

资料5-1　　　　　资料5-2　　　　　游戏案例5-1

情感目标：
_____
_____

知识目标：
_____
_____

能力目标：
_____
_____

学习活动二　游戏前的准备

完成工作步骤二

1. 请回顾知识点 5.5，结合本游戏的主题和中班的年龄特点，小组讨论并设计"谁和谁好"智力游戏的具体玩法和规则。

   _____
   _____
   _____
   _____

2. 请根据游戏的玩法，讨论：如何进行本游戏的环境规划？并画出环境规划示意图。

环境规划示意图

3. 请回顾知识点 5.4 和 5.6，讨论：如何进行本游戏的材料投放？

绘本：《谁和谁好》	手工花朵	卡片	收纳盒	记分牌
是否选用（　）	是否选用（　）	是否选用（　）	是否选用（　）	是否选用（　）
数量（　）	数量（　）	数量（　）	数量（　）	数量（　）

其他材料：
_____
_____

项目五　智力游戏

133

学习活动三　游戏中的指导

完成工作步骤三

1. 请针对中班智力游戏"谁和谁好"的游戏主题和中班的年龄特点，进行小组讨论：如何设计相应的游戏导入语？

2. 预设情景一：

幼儿分成两个队开始进行比赛，得卡片数多的队为赢。刚刚转学进来的玉玉是班级里面年龄偏小的幼儿，平时性格相对比较内向。轮到玉玉的时候，她好像很紧张，拿着一张卡片，支支吾吾说不出话。小朋友一看玉玉的表现，非常着急，拼命催："快说呀，快说呀！"但是好像大家越催，玉玉越说不出来……

针对情景一，小组讨论：应该如何指导？

3. 预设情景二：（根据游戏中可能会出现的场景，自行设计情景二）

针对情景二，小组讨论：应该如何指导？

学习活动四　游戏后的指导

完成工作步骤四

1. 你会如何组织中班幼儿整理"谁和谁好"游戏的玩具材料?

___
___
___
___

2. 在游戏讲评环节,你会如何鼓励幼儿分享游戏经验?

___
___
___
___

学习活动五　游戏评价

完成工作步骤五

1. 扫码观看视频 5-2,观察游戏中的情景,完成实况记录表(见表 5-5)。

视频 5-2

表 5-5　实况记录表

观察者:	观察对象:
观察时间:	观察地点:
实况记录:(视频)	

2. 根据实况记录表（见表 5-3），完成智力游戏评价表（见表 5-6）。

表 5-6　智力游戏评价表

评价要点	评价内容	非常符合	比较符合	一般符合	不符合
游戏兴趣	积极主动参与智力游戏				
	游戏中情绪愉悦				
材料使用	使用率高，操作方法正确				
	能创造性使用材料				
游戏经验	知识经验丰富，在游戏中积极思考，主动解决问题				
	能感知各种事物的属性，有想象力、创造力				
规则意识	能遵守游戏规则，对指令有敏锐的反应力				
角色分配	积极主动分配				
社会发展	能与同伴合作、协商一起完成游戏				
行为习惯	爱惜材料，能有序整理材料并物归原位				

（表头"评价选项"横跨非常符合、比较符合、一般符合、不符合四列）

任务三 大班智力游戏"猜猜我是数字几"组织与实施

任务情境

在大班幼儿初步掌握了 1—10 的数字概念后,你在思考该怎样唤起幼儿已有的经验。通过联想、猜测、推理,把抽象的数的概念融于智力游戏中,可以让幼儿在获得愉悦体验的同时,发展其思维的逻辑性、准确性和敏捷性。因此你准备组织一个根据同伴的数字猜测自己的数字的游戏,即智力游戏"猜猜我是数字几"(见图 5-3)。

为了组织和实施大班智力游戏"猜猜我是数字几"这个工作任务,你需要按照智力游戏组织与实施任务书(见表 5-2)中的工作步骤完成所有工作内容。

图 5-3 智力游戏"猜猜我是数字几"

学习活动一　游戏目标设定

完成工作步骤一

请扫描二维码,阅读资料 5-1,回顾游戏目标设定的原则,并参考资料 5-2 及游戏案例 5-1,通过小组讨论,共同设定本游戏的各项目标。

| 资料 5-1 | 资料 5-2 | 游戏案例 5-1 |

情感目标:
_____
_____

知识目标:
_____
_____

能力目标：

学习活动二　游戏前的准备

完成工作步骤二

1. 请回顾知识点 5.5，结合本游戏的主题和大班的年龄特点，小组讨论并设计"猜猜我是数字几"智力游戏的具体玩法和规则。

2. 请根据游戏的玩法，讨论：如何进行本游戏的环境规划？并画出环境规划示意图。

环境规划示意图

3. 请回顾知识点 5.4 和 5.6，讨论：如何进行本游戏的材料投放？

帽子	数字卡片	小椅子	收纳盒	小红花
是否选用（　） 数量（　）	是否选用（　） 数量（　）	是否选用（　） 数量（　）	是否选用（　） 数量（　）	是否选用（　） 数量（　）

其他材料：

学习活动三　游戏中的指导

完成工作步骤三

1. 请针对大班智力游戏"猜猜我是数字几"的游戏主题和大班的年龄特点，进行小组讨论：如何设计相应的游戏导入语？

2. 预设情景一：

在"和数字6、7、8做游戏"的游戏中，有三个小朋友参与了游戏。其中戴"数字7"帽子的小朋友很快找到自己的椅子，但是剩下的戴"数字6"帽子的鹏鹏和戴"数字8"帽子的明明在抢标有数字8的椅子，都不停说"这是我的椅子"……

针对情景一，小组讨论：应该如何指导？

3. 预设情景二：

幼儿在完成了几种玩法之后，感觉意犹未尽，所以你引导幼儿分成小组按照自己的想法去设计新的游戏玩法和规则。孩子们听完，纷纷开始商量怎么玩。其中第二组设计了"大和小"的游戏，即由老师出示一个数字，幼儿将自己的数字与老师出示的数字进行比较，确定是小还是大之后，分别站队。你觉得孩子们设计的这个游戏非常好，就鼓励他们做尝试。但是发现游戏开始之后，即使知道自己的数字比老师出示的数字大或者小的小朋友，最后站队的时候也显得很混乱……

针对情景二，小组讨论：应该如何指导？

4. 预设情景三：(根据游戏中可能会出现的场景，自行设计情景三)

针对情景三，小组讨论：应该如何指导？

学习活动四　游戏后的指导

完成工作步骤四

1. 你会如何组织大班幼儿整理"猜猜我是数字几"游戏的玩具材料？

2. 在游戏讲评环节，你会如何鼓励幼儿分享游戏经验？

学习活动五　游戏评价

完成工作步骤五

1. 扫码观看视频 5-3，观察游戏中的情景，完成实况记录表（见表 5-7）。

视频 5-3

表 5-7　实况记录表

观察者：	观察对象：
观察时间：	观察地点：
实况记录：（视频）	

2. 根据实况记录表（见表5-7），完成智力游戏评价表（见表5-8）。

表 5-8　智力游戏评价表

评价要点	评价内容	评价选项			
		非常符合	比较符合	一般符合	不符合
游戏兴趣	积极主动参与智力游戏				
	游戏中情绪愉悦				
材料使用	使用率高，操作方法正确				
	能创造性使用材料				
游戏经验	知识经验丰富，在游戏中积极思考，主动解决问题				
	能感知各种事物的属性，有想象力、创造力				
规则意识	能遵守游戏规则，对指令有敏锐的反应力				
角色分配	积极主动分配				
社会发展	能与同伴合作、协商一起完成游戏				
行为习惯	爱惜材料，能有序整理材料并物归原位				

项目五　智力游戏

141

项目知识点

知识点 5.1 智力游戏概述

一、智力游戏的概念

智力游戏是根据一定的智育培养任务设计的,以生动有趣的游戏形式让幼儿在自愿、愉快的活动中发展智力的一种游戏,是幼儿园教育教学活动中常见的一种规则性游戏。例如,"你说我猜""接龙""下跳棋"等提高幼儿逻辑思维能力、观察力和记忆力的游戏都属于智力游戏。

二、智力游戏的特点

1. 益智性

智力游戏的核心价值在于促进幼儿的智力发展,包括幼儿的感知力、注意力、观察力和逻辑思维能力等。

2. 趣味性

智力游戏是根据教学目标和幼儿的兴趣设计的生动有趣的游戏活动,具有游戏的趣味性这一基本特点。符合幼儿年龄特点的游戏设计才能激发幼儿的兴趣,吸引幼儿积极投入和参与到游戏活动中。

3. 规则性

智力游戏属于规则性游戏,是以智力活动为基础的有规则的游戏。幼儿在游戏中要遵守规则,按照要求完成相关的动作或行为。因此游戏不仅能促进幼儿的智力发展,也能培养幼儿的规则意识和自我控制能力。

4. 挑战性

智力游戏活动的设计要符合或超出幼儿的能力水平,融入充分的智力因素,让幼儿在游戏中既有满足感,又有继续挑战的积极性。

知识点 5.2 智力游戏与幼儿的发展

一、智力游戏促进幼儿智力能力的发展

智力游戏按作用分为发展感知、注意、记忆、思维等不同能力的游戏类型,不同类型的智力游戏具有不同的教育价值。智力游戏不仅能够激发幼儿学习的主动性,还能通过大量的思维训练游戏有效促进幼儿逻辑思维能力、注意力、记忆力和想象力的发展。

二、智力游戏促进幼儿语言能力和身体动作的发展

很多智力游戏是离不开语言的,语言是思维的工具,幼儿在游戏中有时需要与同伴沟通交流,有时会自言自语,在这个过程中,幼儿的语言表达能力也在不断发展。同时,很多智力游戏也与动作发展相结合,如迷宫游戏、涂色游戏等,在游戏中,幼儿的动作技能得以发展。

三、智力游戏促进幼儿社会性发展

智力游戏属于规则性游戏。幼儿在游戏中只能遵守游戏规则,违规就出局的事实让幼儿的自我控制能力得以不断发展。与同伴之间的交流协商才能让游戏有更好的结果,这让幼儿体会到尊重他人、相互合作的重要性,促进了幼儿的社会性发展。

知识点 5.3 智力游戏的分类

根据所发展的智力的不同,智力游戏可分为六种主要类型(见表5-9)。

表 5-9 智力游戏的分类及其概念

游戏种类	游戏概念	游戏举例
发展观察力的游戏	通过听、看、摸、闻、尝等感知觉,以"寻找、辨别、比较、发现"等方式进行的,促进观察的目的性、概括性和系统性发展的游戏	"找不同""摸到了什么""蒙眼喂食"
发展注意力的游戏	通过训练有意注意,促进注意的稳定性、注意的范围、注意的分配和转移能力发展的游戏	钓鱼、接龙卡片
发展记忆力的游戏	通过对物品、图文等内容识记之后,进行"发现、寻找、辨别"等再现活动,促进幼儿的有意记忆、机械记忆等,提高幼儿记忆准确性和持久性的游戏	彩色记忆棋、抢卡片
发展想象力的游戏	通过对已有表象进行加工、改造,创造新形象,以猜谜、联想、听音乐做动作等形式进行的,促进幼儿想象思维能力发展的游戏	猜谜、"你做我猜"
发展思维能力的游戏	以分类、排序、比较、运算、发现关系等方式进行的,促进幼儿思维的敏捷性和灵活性发展的游戏	找数字、五子棋、算卡片
发展操作能力的游戏	通过动作操作,在确定的思想指导下完成思维成果的游戏	图形拼接、挑棍儿、捡子儿

知识点 5.4　智力游戏的环境创设

智力游戏环境创设

首先要创设一个公平、安全的心理环境,激发幼儿的参与兴趣,引导幼儿正确看待游戏的"输赢"结果,鼓励幼儿关注游戏的过程,为智力游戏提供一个良好的心理环境。

其次,根据智力游戏的类别提供大小适宜的空间。比如,棋类游戏需要足够的空间放置一定数量的桌椅及棋盘等。在场地选择上,因为智力游戏的开展多数需要安静的氛围,所以需要远离闹区。同时在游戏区贴上标识或者游戏的规则,强化幼儿在游戏中的规则意识。

最后,需要根据游戏的类别准备游戏材料。常见的智力游戏材料主要有以下几类:高结构材料,如棋盘、拼图、纸牌和蒙氏教具等;低结构材料,这类材料主要是教师或幼儿利用废旧材料自制的玩具材料,如自制拼图、卡片和转盘等;其他辅助材料,这类材料主要是智力游戏中需要使用的辅助材料,如记录使用的纸笔等。教师应根据游戏的实际需要,为幼儿选择、制作各种教具和玩具,选择具有探究性、引导性的材料。同时在区域内有序放置好相应的游戏材料,便于幼儿拿取游戏材料。

知识点 5.5　智力游戏的玩法和规则

一、智力游戏玩法

智力游戏的玩法由多种多样的内容和动作组成,具体指游戏应该怎么玩、游戏如何开始、如何进行、如何评判等,智力游戏的玩法要根据幼儿的年龄特点及游戏需要来进行设计。比如观察力游戏是通过听、看、摸、闻、尝等感知觉,以"寻找、辨别、比较、发现"等方式来进行游戏的;比如发展想象力的游戏,是通过对已有表象进行加工、改造,创造新形象,以猜谜、联想、听音乐做动作等形式进行游戏的。如果在游戏过程中,幼儿与同伴创编出新的玩法,教师也应该给予支持和帮助,让幼儿有机会进行自主游戏。

二、智力游戏规则

智力游戏的规则是对玩法的要求和约束,具体指玩游戏的时候能做什么、不能做什么。游戏规则应该简单明了,易于幼儿理解和执行。智力游戏的玩法相对比较固定,制订的时候也可以邀请幼儿共同参与。游戏规则在游戏中起到组织、调整幼儿行为的作用,保证游戏目标的实现。合适的游戏规则可以提高游戏的趣味性和挑战性,促使幼儿在游戏中不断努力。

知识点 5.6 各年龄班幼儿智力游戏的特点与材料投放和指导要点

年龄班	特点	材料投放	指导要点
小班	1. 喜欢玩简单的智力玩具，能够基本操作游戏材料； 2. 有基本的记忆力、观察力和判断力； 3. 规则意识不强； 4. 游戏评价能力欠佳	选择颜色鲜明、直观形象、品种简单的玩具和材料	1. 设计的游戏任务趣味性强，任务简单，易理解； 2. 游戏任务可以是简单的记忆游戏、配对游戏、排序游戏等； 3. 游戏玩法规则设计简单，如何开始、如何进行，如何评判等，教师需要讲清楚并示范游戏怎么玩，并提醒幼儿遵守游戏规则； 4. 以教师为主，引导幼儿学习整理游戏材料，养成良好的游戏习惯； 5. 多采用简单回答的方式询问幼儿，让幼儿说出自己游戏中的体验，也可简单评价其他幼儿，丰富游戏经验
中班	1. 乐于参与智力游戏，能够正确地操作游戏材料； 2. 记忆力、观察力和判断力有所提高； 3. 能够理解并遵守游戏规则，喜欢与同伴共同游戏； 4. 在教师的引导下，可简单独立评价游戏	在提供直观、形象、生动的游戏材料的基础上，可增加游戏的自主性，鼓励幼儿一起参与游戏材料的制作	1. 设计的游戏任务趣味性强，可以加大任务难度； 2. 游戏任务知识性增强，关注幼儿的自主性； 3. 游戏玩法多样，教师可以讲解与示范相结合，鼓励同伴合作、互助，给予幼儿游戏的空间，支持幼儿主动探索，提高游戏水平； 4. 鼓励幼儿在讲评游戏环节分享游戏经验
大班	1. 喜欢参与富有挑战性的智力游戏； 2. 在游戏中主动性提升，能专心投入地参与游戏； 3. 能自觉按照游戏规则开展游戏，能够与同伴较好地合作； 4. 可独立评价游戏，发表自己的观点	选择有一定挑战性的材料	1. 设计的游戏任务综合性强，有挑战性； 2. 游戏任务综合性提升，鼓励幼儿尝试创新玩法，激发幼儿参与游戏的主动性； 3. 游戏玩具具有多重性，玩法新颖多样，教师主要通过语言提醒，以讲解为主，为幼儿提供更多合作游戏、自主游戏的机会； 4. 通过多种形式开展游戏讲评，让幼儿在分享游戏中拓展思路，培养幼儿分析、解决问题的能力

项目五 智力游戏

岗课赛证 "加油站"

一、教师资格证相关考点

请扫描二维码，阅读资料5-3，简述民间游戏的意义。

资料5-3

二、教师资格证真题

【单选题】

1. 幼儿赛跑、下棋一般属于（　　）。

   A. 表演游戏　　　B. 建构游戏　　　C. 角色游戏　　　D. 规则游戏

2. 在儿童的日常生活、游戏等活动中，创设或改变某种条件，以引起儿童心理的变化，这种研究方法是（　　）。

   1. 观察法　　　B. 自然实验法　　　C. 测验法　　　D. 实验室实验法

【材料分析题】

1. 材料：

教师为幼儿制作了一个玩具灶（见图5-4），投放了羽毛、棉花、小木棒、乒乓球等不同材质的物品和扇子，让幼儿猜测哪些物品能被风吹起来并进行验证。小牛猜想羽毛和棉花能飞起来，就开始扇风，结果发现他们确实能飞起来。他使的劲大了，发现乒乓球也能飞起来了。一直旁观的小霜惊讶地说："原来用劲儿扇乒乓球也能飞起来呀！"

图5-4　玩具灶

问题：

游戏中小牛、小霜都在学习吗？请分析说明理由。

2. 材料：

在某幼儿园大班的家长座谈会上，家长们纷纷提出：孩子快上小学了，幼儿园应减少游戏时间，增加算术、识字等教学内容，以便于孩子适应小学的学习生活。

问题：

（1）请根据上述说法，分析家长观念中存在的问题。

（2）请针对问题，提出解决方法。

3. 材料：

儿童诗《其实有一百》
——马拉古兹（意大利）

孩子是由一百组成的。
孩子有一百种语言，
一百只手，
一百个念头，
一百种思考问题的方式，
还有一百种聆听的方式，
惊讶和爱慕的方式。
一百种欢乐，
去歌唱，去理解，
一百个世界，
去探究，去发现，
一百个世界，去发明，
一百个世界，去梦想。

问题：

（1）你能从诗中读到幼儿心理发展的什么特点？

（2）依据这些特点，教师应该怎样对待幼儿？

4. 材料：

莉莉和小娟玩游戏，她们想让 5 个娃娃睡觉，但是没有小床，于是他们找到木板做小床。莉莉说："床不够。"小娟挑出 2 个留着长头发的娃娃说："他们长大了，天黑了，要睡午觉了。"莉莉说："好的。"然后将 3 个需要睡觉的娃娃中最大的一个放在中等大小的盒子里。小娟试图把中等大小的娃娃放在最小的盒子里，但放不进去。于是莉莉说："换一换。"然后将最小的娃娃放在了最小的盒子里，中等大的娃娃放在中等大的盒子里，最大的娃娃放在最大的盒子里。小娟说："娃娃们，好好睡觉吧。"

问题：

（1）从学习与发展的角度，分析上述案例中莉莉和小娟的行为。

（2）这次游戏后，教师应当如何支持莉莉和小娟的学习与发展？

【论述题】

幼儿园集体教学活动和游戏的含义分别是什么？试述两者的区别与联系。

评价反思

目标	项目要求	评分细则	分值	自评分值	小组评分	教师评分
素养	纪律情况	按时出勤	迟到、早退各出现一次扣2分，旷课一次扣5分	10分			
		积极思考，回答问题	根据平台统计分数折算	10分			
	职业道德	具有科学的游戏观、儿童观、教育观、创新意识和育德意识	能完全根据幼儿的意愿开展游戏活动，游戏指导中有创新意识和育德意识得10分，其余视情况得3~8分	10分			
知识	识读任务书	了解智力游戏的概念和特点	全部阐述清楚得10分，大部分阐述清楚得6分，其余视情况得1~5分	10分			
		掌握智力游戏环境创设和材料投放要点	全部阐述清楚得10分，大部分阐述清楚得6分，其余视情况得1~5分	10分			
		了解智力游戏观察和记录的方法和内容	全部阐述清楚得5分，部分阐述得3分，其余不得分	5分			
技能	智力游戏的组织与实施	游戏前的准备	完全按照年龄阶段特点完成游戏环境创设和材料投放得10分，部分按照得6分，其余视情况得1~5分	10分			
		游戏中的指导	完全按照年龄特点，用合理的方式进行游戏指导得10分，部分按照得6分，其余视情况得1~5分	10分			
		游戏后的指导	能够通过适当的方式进行游戏讲评得5分，方法一般得3分，其余不得分	5分			
		观察和评价智力游戏	能够采用恰当的方式进行游戏的观察和评价得10分，方法一般得6分，其余视情况得1~5分	10分			
任务书完成情况	按时保质完成任务书	按时提交	按时提交得5分，其余不得分	5分			
		书写整齐	字迹工整得2分，其余不得分	2分			
		有独到的见解	视情况得1~3分	3分			
合计				100分			
权重	自评20%，小组评分30%，教师50%						

学习笔记

项目六　音乐游戏

一、学习目标

知识目标：了解音乐游戏的概念和特点；理解音乐游戏对幼儿发展的意义；掌握不同年龄段幼儿音乐游戏的特点。

能力目标：具备根据年龄特点设计和指导音乐游戏的能力；能够对音乐游戏进行观察与评价。

素质目标：逐步具备科学的教育观和育德意识；具备开展音乐游戏教学的基本素质。

二、学时分配

本项目学时分配见表6-1。

表6-1　学时分配计划

项目六	任务一	任务二	任务三
计划时数	4	2	2

三、项目介绍

本项目包括3个任务：小班音乐游戏"挑西瓜"组织与实施、中班音乐游戏"一起去旅行"组织与实施、大班音乐游戏"舞动的非洲"组织与实施。依据幼儿园音乐游戏活动的组织与实施要求，每个任务都需要按照音乐游戏组织与实施任务书（见表6-2）中的工作步骤来完成。

表6-2 音乐游戏组织与实施任务书

工作步骤 （学习步骤）	工作内容 （学习活动）	工作要求 （学习要求）	备注
步骤一	游戏目标设定	情感目标 知识目标 能力目标	
步骤二	游戏前的准备	玩法设计 环境创设	
步骤三	游戏中的指导 （预设情景）	游戏导入 讲解示范玩法规则 预设情景	
步骤四	游戏后的指导	愉快结束游戏 整理玩具材料 组织讨论游戏	
步骤五	游戏评价	完成观察与记录表 完成音乐游戏评价表	

任务一　小班音乐游戏"挑西瓜"组织与实施

任务情境

这几天你发现小班的孩子们都很喜欢音乐,尤其是对一些旋律变化明显的音乐特别感兴趣,经常会情不自禁地做出相应的身体动作。于是,你准备找几段符合小班幼儿年龄特点且简洁明快的音乐,设计音乐游戏"挑西瓜",希望幼儿能通过活动,体验音乐的独特魅力和游戏带来的快乐(见图6-1)。

为了完成这个工作任务,你需要按照音乐游戏组织与实施任务书(见表6-2)中的工作步骤完成所有工作内容。

图6-1　音乐游戏"挑西瓜"

学习活动一　游戏目标设定

一、识读任务

1. 请参考阅读知识点6.1,回答:什么是音乐游戏?音乐游戏有什么特点?

_____
_____
_____

2. 为了设定本游戏目标,请你先阅读知识点6.2,简要回答:音乐游戏能够促进幼儿哪些方面的发展?

_____
_____
_____
_____

二、完成工作步骤一

请扫描二维码,阅读资料6-1,回顾游戏目标设定的原则,并参考资料6-2及游戏案例6-1,通过小组讨论,共同设定本游戏的各项目标。

资料6-1　　　　　资料6-2　　　　　游戏案例6-1

项目六　音乐游戏

153

情感目标：

知识目标：

能力目标：

学习活动二　游戏前的准备

一、识读任务

1. 请阅读知识点 6.3，回答：音乐游戏有哪些分类？

2. 请阅读知识点 6.5，回答：什么是音乐游戏的玩法？什么是音乐游戏的规则？

二、完成工作步骤二

1. 结合本游戏的目标和小班的年龄特点，小组讨论并设计"挑西瓜"音乐游戏的具体玩法和规则。

2. 请参考知识点 6.4，讨论：如何进行本游戏的环境规划？并画出环境规划示意图。

环境规划示意图

3. 请参考知识点 6.4 和 6.6，讨论：如何进行本游戏的材料投放？

音乐：《挑西瓜》	音乐图谱	玩具西瓜	草帽	铃鼓
是否选用（　） 数量（　　）	是否选用（　） 数量（　　）	是否选用（　） 数量（　　）	是否选用（　） 数量（　　）	是否选用（　） 数量（　　）

其他材料：
_____
_____
_____

学习活动三　游戏中的指导

一、识读任务

请阅读知识点 6.6，回答：音乐游戏有哪些指导要点？
_____
_____
_____
_____

项目六　音乐游戏

二、完成工作步骤三

1. 请针对小班音乐游戏"挑西瓜"的游戏主题和小班的年龄特点进行小组讨论：如何设计相应的游戏导入语？

_____
_____
_____
_____

2. 预设情景一：

游戏规则讲解之后，小朋友们跟着音乐扮演西瓜，卡着节奏让自己一点点长大。琳琳听不出旋律的变化，动作总和其他小朋友不一样，有时还会摔倒，碰到旁边的小朋友……

针对情景一，小组讨论：应该如何指导？

_____
_____
_____
_____
_____

学习活动四　游戏后的指导

完成工作步骤四

1. 你会如何结束"挑西瓜"音乐游戏？

_____
_____
_____
_____

2. 在组织小班幼儿进行"挑西瓜"游戏讲评时，你会采用什么方法或者通过问哪些问题鼓励幼儿一起参与游戏讲评？

_____
_____
_____
_____

学习活动五　游戏评价

完成工作步骤五

1. 扫码观看视频 6-1，观察游戏中的情景，完成实况记录表（见表 6-3）。

视频 6-1

表 6-3　实况记录表

观察者：		观察对象：	
观察时间：		观察地点：	
实况记录：（视频）			

2. 根据实况记录表，完成音乐游戏评价表（见表 6-4）。

表 6-4　音乐游戏评价表

评价要点	评价内容	评价选项			
		非常符合	比较符合	一般符合	不符合
游戏兴趣	积极主动参与音乐游戏				
	游戏中情绪愉悦				
游戏环境	有一个公平、安全的心理环境				
	场地规划合理，利用率高				
游戏材料	掌握操作游戏材料的方法				
	能够根据音乐素材使用材料				
游戏经验	能够准确把握音乐节奏				
	能够理解音乐的情绪				
	掌握简单的演唱方式				
游戏规则	能遵守游戏规则，对指令有敏锐的反应力				
	能够监督自己和别人遵守规则				
游戏表现	动作连贯，跟随音乐做动作时很少出现错误				
	具有创新性和独特性				
	与其他幼儿有语言交流、动作配合				

| 行为习惯 | 爱惜材料，能有序整理材料并物归原位 | | | |

任务二　中班音乐游戏"一起去旅行"组织与实施

🌐 任务情境

寒假归来，孩子们都兴奋地和同伴们分享自己去了哪里玩。因此，你准备把旅行主题和音乐游戏相结合，设计音乐游戏"一起去旅行"，让孩子们一边听着音乐，一边想象自己登山探险的情景，激发幼儿对音乐的理解和肢体的表现力（见图6-2）。

图6-2　音乐游戏"一起去旅行"

为了组织和实施中班音乐游戏"一起去旅行"这个工作任务，你需要按照音乐游戏组织与实施任务书（见表6-2）中的工作步骤完成所有工作内容。

学习活动一　游戏目标设定

完成工作步骤一

请扫描二维码，阅读资料6-1，回顾游戏目标设定的原则，并参考资料6-2及游戏案例6-1，通过小组讨论，共同设定本游戏的各项目标。

| 资料6-1 | 资料6-2 | 游戏案例6-1 |

情感目标：
_____
_____

知识目标：
_____
_____

能力目标：
_____
_____

学习活动二　游戏前的准备

完成工作步骤二

1. 请回顾知识点 6.5，结合本游戏的主题和中班的年龄特点，小组讨论并设计"一起去旅行"音乐游戏的具体玩法和规则。

_____
_____
_____
_____
_____

2. 请回顾知识点 6.4，讨论：如何进行本游戏的环境规划？并画出环境规划示意图。

环境规划示意图

| |
| |
| |

3. 请回顾知识点 6.4 和 6.6，讨论：如何进行本游戏的材料投放？

音乐：《去旅行》	音乐图谱	导游旗	头饰	三角铁
是否选用（　） 数量（　　）	是否选用（　） 数量（　　）	是否选用（　） 数量（　　）	是否选用（　） 数量（　　）	是否选用（　） 数量（　　）

其他材料：
_____
_____

学习活动三 游戏中的指导

完成工作步骤三

1. 请针对中班音乐游戏"一起去旅行"的游戏主题和中班的年龄特点，进行小组讨论：如何设计相应的游戏导入语？

2. 预设情景一：

幼儿两两开始进行比赛，听着音乐轮流进行登山表演，但动作不能重复。可是，原本动作很标准的孩子，上台后第二轮就不知所措，不知道还能做什么动作，节奏也卡不准，渐渐有点气馁了……

针对情景一，小组讨论：应该如何指导？

3. 预设情景二：（根据游戏中可能会出现的场景，自行设计情景二）

针对情景二，小组讨论：应该如何指导？

学习活动四　游戏后的指导

完成工作步骤四

1. 你会如何结束"一起去旅行"的音乐游戏？

_____
_____
_____
_____
_____

2. 在游戏讲评环节，你会如何鼓励幼儿分享游戏经验？

_____
_____
_____
_____
_____

学习活动五　游戏评价

完成工作步骤五

1. 扫码观看视频 6-2，观察游戏中的情景，完成实况记录表（见表 6-5）。

视频 6-2

表 6-5　实况记录表

观察者：	观察对象：
观察时间：	观察地点：
实况记录：（视频）	

2. 根据实况记录表（见表6-5），完成音乐游戏评价表（见表6-6）。

表6-6 音乐游戏评价表

评价要点	评价内容	评价选项			
		非常符合	比较符合	一般符合	不符合
游戏兴趣	积极主动参与音乐游戏				
	游戏中情绪愉悦				
游戏环境	有一个公平、安全的心理环境				
	场地规划合理，利用率高				
游戏材料	掌握操作游戏材料的方法				
	能够根据音乐素材使用材料				
游戏经验	能够准确把握音乐节奏				
	能够理解音乐的情绪				
	掌握简单的演唱方式				
游戏规则	能遵守游戏规则，对指令有敏锐的反应力				
	能够监督自己和别人遵守规则				
游戏表现	动作连贯，跟随音乐做动作时很少出现错误				
	具有创新性和独特性				
	与其他幼儿有语言交流、动作配合				
行为习惯	爱惜材料，能有序整理材料并物归原位				

任务三　大班音乐游戏"舞动的非洲"组织与实施

任务情境

看了绘本故事《罗拉要去非洲》，马上就有孩子来问你："老师，非洲是什么地方？""那里的小朋友和我们一样吗？""他们吃什么？他们穿什么？"等一系列问题。于是你就设计了一系列与非洲有关的活动。本次活动就是其中的一节音乐活动，目的在于让孩子初步了解非洲音乐的特点。大班的幼儿已经具备较好的创造力和规则制定能力。音乐游戏活动的设计已不能仅局限于模仿和再现，你准备结合大班幼儿的游戏能力和音乐游戏的特点，设计此次"舞动的非洲"音乐游戏（见图6-3）。

图6-3　音乐游戏"舞动的非洲"

为了组织和实施大班音乐游戏"舞动的非洲"这个工作任务，你需要按照音乐游戏组织与实施任务书（见表6-2）中的工作步骤完成所有工作内容。

学习活动一　游戏目标设定

完成工作步骤一

请扫描二维码，阅读资料6-1，回顾游戏目标设定的原则，并参考资料6-2及游戏案例6-1，通过小组讨论，共同设定本游戏的各项目标。

资料6-1　　　　资料6-2　　　　游戏案例6-1

情感目标：

知识目标：

能力目标：

学习活动二　游戏前的准备

完成工作步骤二

1. 请回顾知识点 6.5，结合本游戏的主题和大班的年龄特点，小组讨论并设计"舞动的非洲"音乐游戏的具体玩法和规则。

2. 请回顾知识点 6.4，讨论：如何进行本游戏的环境规划？并画出环境规划示意图。

环境规划示意图

3. 请回顾知识点 6.4 和 6.6，讨论：如何进行本游戏的材料投放？

音乐：《舞动非洲》	音乐图谱	非洲草裙	非洲头饰	非洲鼓
是否选用（　） 数量（　）	是否选用（　） 数量（　）	是否选用（　） 数量（　）	是否选用（　） 数量（　）	是否选用（　） 数量（　）

其他材料：

学习活动三 游戏中的指导

完成工作步骤三

1. 请针对大班音乐游戏"舞动的非洲"的游戏主题和大班的年龄特点进行小组讨论：如何设计相应的游戏导入语？

_____
_____
_____
_____

2. 预设情景一：

幼儿与老师一同设计非洲舞蹈的动作，孩子们很认真，参与度也很高。但是，动作学完后，很多孩子动作不标准，不到位。老师的单一的语言和动作指导似乎起的作用并不大，你还有什么方法让幼儿的表现力更好吗？

针对情景一，小组讨论：应该如何指导？

_____
_____
_____
_____
_____

3. 预设情景二：

经过几次游戏后，幼儿可以独立地跟着音乐扭动身体，表演"舞动的非洲"。可是，孩子们还意犹未尽，老师可以如何增加难度呢？请从培养幼儿创造性能力的角度设计一下接下来的游戏规则。

针对情景一，小组讨论：应该如何指导？

_____
_____
_____
_____
_____

4. 预设情景三：（根据游戏中可能会出现的场景，自行设计情景三）

针对情景三，小组讨论：应该如何指导？

学习活动四　游戏后的指导

完成工作步骤四

1. 你会如何组织大班幼儿结束"舞动的非洲"游戏？

2. 在游戏讲评环节，你会如何鼓励幼儿分享游戏经验？

学习活动五　游戏评价

完成工作步骤五

1. 扫码观看视频 6-3，观察游戏中的情景，完成实况记录表（见表 6-7）。

视频 6-3

表 6-7　实况记录表

观察者：	观察对象：
观察时间：	观察地点：
实况记录：（视频）	

2. 根据实况记录表（见表6-7），完成音乐游戏评价表（见表6-8）。

表6-8 音乐游戏评价表

评价要点	评价内容	评价选项			
		非常符合	比较符合	一般符合	不符合
游戏兴趣	积极主动参与音乐游戏				
	游戏中情绪愉悦				
游戏环境	有一个公平、安全的心理环境				
	场地规划合理，利用率高				
游戏材料	掌握操作游戏材料的方法				
	能够根据音乐素材使用材料				
游戏经验	能够准确把握音乐节奏				
	能够理解音乐的情绪				
	掌握简单的演唱方式				
游戏规则	能遵守游戏规则，对指令有敏锐的反应力				
	能够监督自己和别人遵守规则				
游戏表现	动作连贯，跟随音乐做动作时很少出现错误				
	具有创新性和独特性				
	与其他幼儿有语言交流、动作配合				
行为习惯	爱惜材料，能有序整理材料并物归原位				

项目知识点

知识点6.1 音乐游戏概述

一、音乐游戏的概念

音乐游戏一般是指在音乐伴奏下或歌曲伴唱下，按照一定的音乐要求进行的规则类游戏活动。音乐游戏在音乐教学中占有重要的位置，是幼儿音乐教育的重要内容，也是实现幼儿音乐教育目标的一种有效的方法和手段。

二、音乐游戏的特点

1. 情感性

音乐游戏对幼儿的情绪情感影响很大。音乐能够最直接、迅速、深刻地影响人的内心世界，使人产生喜、怒、哀、乐、忧、思、悲、恐等情绪变化。音乐游戏充分发挥音乐艺术的特点，运用特殊的思维方式，把旋律、节奏、力度、音色、曲式和语言等构成音乐的要素有机地组织起来，将美好的感情付之于声音表现，音乐的节奏和内容能够激发起幼儿和艺术形象相一致的情感体验。例如，音乐游戏"找朋友"能激发幼儿对友谊的理解，增进友爱之情；音乐游戏"我的好妈妈"能够帮助幼儿理解母爱的伟大。

2. 愉悦性

愉悦性是音乐游戏的基本特性。音乐游戏的愉悦性不仅表现在形式上，还表现在幼儿的内在情感体验上，是发自内心的一种快乐体验。儿童在游戏中感受音乐的美，随着音乐的节奏身心放松，与音乐产生情感共鸣。这种情感支配着幼儿的行为和动作，是一种由内到外的愉悦体验。

3. 音乐性

音乐游戏是一种在音乐伴奏下，按照一定的音乐要求活动的游戏，是音乐教育和游戏的结合。音乐不仅仅是伴奏和背景，还要在整个游戏过程中起支配作用。在音乐游戏中，幼儿的活动、动作、情感、言语等必须根据音乐的性质和节奏而变化。游戏任务、游戏玩法、游戏规则等都围绕着音乐教育的目标来制定，音乐是游戏的灵魂。

知识点 6.2　音乐游戏与幼儿的发展

一、培养幼儿的音乐审美能力

幼儿一切从兴趣出发，兴趣是激发幼儿学习动机最有力的因素。有趣的音乐游戏既符合幼儿的年龄特点，也符合幼儿的感知规律。活泼欢快的音乐，能让幼儿感受音乐的情趣。通过音乐游戏活动挖掘作品中美的力量和因素，从而提高幼儿对音乐的审美能力。例如，在音乐游戏"过新年"中，幼儿模仿放鞭炮、贴春联等动作表现过新年的情景，感受音乐中表现的喜庆场面；又如，在音乐游戏"赛马"中，根据音乐不同段落的强弱、快慢变化，幼儿模仿马奔跑的动作、骑马时威武的动作、下马时优美的动作等，加深对音乐的理解，掌握乐曲所表达的情感。

二、培养幼儿的表现力

学前期是开展音乐教育的重要时期，幼儿已经有意识地去探索世界，并会毫无保留地接受外界信息，并采取自己的方式进行表现。采用生动有趣的音乐游戏形式可以激发幼儿的好奇心和兴趣，从而使他们积极地投入音乐教学活动。幼儿在音乐游戏中可以大胆地去想、去唱、去表演，并将这一能力迁移到其他的活动中去，提高自身的表现能力。例如，在音乐游戏"小老鼠和大花猫"中，教师请幼儿分别扮演小老鼠和大花猫，表现小老鼠与大花猫的不同形态，提高了幼儿的兴趣，也培养了躲闪等动作的能力。

三、促进幼儿的社会交往能力

音乐游戏是培养幼儿社会交往能力的有效途径之一。在音乐游戏中，通过创设一种情境，幼儿在情境中与伙伴共同歌唱、律动、奏乐、表演，增加交往的主动性和积极性。例如，音乐游戏"洋娃娃与小熊跳舞"，幼儿两人为一组，跟着音乐与同伴共同做点头、微笑、招手、转圈等动作，来模仿洋娃娃和小熊相互交流、热情交谈的样子，在合作交流中，体会用表情、动作、姿态与人交往的乐趣，学会如何与人交流、合作。

知识点 6.3　音乐游戏的分类

幼儿园常见的音乐游戏包括听觉游戏、歌唱游戏和节奏游戏。

一、听觉游戏

音乐听觉游戏，是让幼儿用耳朵充分欣赏自然产生的和人创造的各种音响效果，从音响的旋律、音色、节奏等方面"触摸"音乐语言，感受音响之美。音乐的听觉能力指通过辨别、感知、领会、想象、思考音乐艺术形象及其内涵的能力，它包括听辨音乐的长、短、强、弱等。如音乐游戏"声音配对"，准备 4 个外观完全相同的不透明容器作为摇动器，每两个摇动器内装同一样东西（瓜子、玉米粒、沙子等），摇动这些摇动器，让幼儿根据它们各自发出的声音特点，找出其中声音相同的两个摇动器配成对。

二、歌唱游戏

歌唱游戏是幼儿一边游戏一边唱歌的游戏形式，深受幼儿喜爱。在游戏的气氛中，幼儿会不自觉地跟着音乐或教师哼唱、学唱。如音乐游戏"洋娃娃和小熊跳舞"，在游戏中可以让幼儿两两结伴，分别扮演洋娃娃和小熊，跟着音乐进行舞蹈或律动。在表演的过程中，幼儿会跟着音乐边唱边舞。再如"丢手绢"游戏，幼儿轮流当丢手绢的人，每次丢手绢的小朋友要唱出歌曲的前三句，其他人一起唱出最后两句。

三、节奏游戏

节奏游戏包括语言节奏游戏和动作节奏游戏。

1. 语言节奏游戏

可以利用节奏鲜明、朗朗上口的儿歌来进行语言节奏练习，也可以利用人、动物、植物等名称进行节奏练习。如音乐游戏"水果名称接龙"，每个人说出两个字或三个字的水果名称，进行二分音符、四分音符、八分音符节奏训练，可以训练2/4、3/4等不同节拍，游戏往往会搭配身体律动来进行。

2. 动作节奏游戏

身体就好像是一个天然的打击乐器，可以通过奥尔夫声势活动中拍手、拍腿、踏脚、捻指等动作发出很多种美妙的声音，也可以通过节奏应答和节奏模仿的方式来进行人体节奏动作的训练。如音乐游戏"幸福拍手歌"，教师设计了拍手、拍肩和跺脚等动作，幼儿根据音乐节奏做相应的身体律动，熟练以后还可以加快速度，训练节奏感。

知识点 6.4 音乐游戏的环境创设

一、空间布局

进行音乐游戏时，空间应该宽敞明亮，能够容纳所有的教具和家具。在空间布局方面，应当注重以下几个方面：首先，合理配置音乐游戏区域的大小，尽量保证广阔的视野和丰富的活动空间。其次，根据幼儿认知的特点和活动的需要设计合适的游戏区域，在区域之间设置过渡区，方便幼儿的活动和自主转换。音乐教具应当有固定的使用位置和清晰的存放位置，方便幼儿的学习和使用。

二、环境装饰

音乐游戏区应该布置温馨、明亮的装饰，可以选择与音乐相关的图片、布艺、墙纸等装饰品，如自然风光、植物、乐器等元素，以营造自然和谐的氛围。幼儿喜欢色彩丰富、形象逼真的装饰，可以根据不同教学场景，配合不同主题的装饰品，如舞蹈主题、节日主题、场景主题等。

三、音乐游戏教具的配备

针对不同年龄层次幼儿的需要，应当相对应地配备不同种类的音乐教具，这样才能满足幼儿的认知与活动需求，推动教育教学的高效开展。音乐教具应当包含基本乐器，如琴键、鼓、铃鼓、钢琴、小提琴等，以及音乐书籍、音乐卡片、音乐CD等。这些教具能够帮助幼儿提高审美能力，发展感知和理解能力。音乐教具应当有足够的数量，供给幼儿自由发挥和探索的空间。教具的数量与多样性可以更好地调动幼儿的积极性，激发幼儿对音乐的兴趣和热爱。

四、音乐游戏区的环境气氛

音乐游戏区的空气质量要好，确保有足够的通风和空气循环，让幼儿在良好的环境气氛下学习。教师应该在音乐游戏区域保持温和、亲切的态度，尽量与幼儿进行友善互动，长久地形成互信和情感联系，让幼儿感受到安全、自由、严谨和快乐的气氛。音乐游戏区的环境应该有足够的音乐元素，比如音乐背景声、伴奏等，这些元素也能够促进幼儿音乐认知和艺术欣赏能力的发展。

知识点6.5 音乐游戏的规则制定

一、根据音乐游戏分类制定规则

音乐游戏可以根据不同的分类形式进行对应的规则制定。歌唱游戏一般是在歌曲的基础上，按照歌词、节奏、乐曲和乐段进行游戏。音乐节奏游戏是按音乐节奏来做动作和变化动作的游戏，一般选择一些情节性和节奏性比较强的乐曲。听辨反应游戏侧重于培养幼儿对音乐高低、强弱、快慢、音色和乐句等的分辨能力，可以选择有多种乐器的乐曲或变化较多的音乐片段。

二、利用情境让幼儿遵循游戏规则

幼儿的理解能力具有一定的局限性，如果老师反复用语言直白地强调规则，不但不会激励幼儿更好地遵守规则，还会让其失去对音乐游戏的兴趣。好动、好奇、好模仿是他们的天性，他们情绪多变，对事物感兴趣的时间短并容易转移兴趣。所以教师该用适当的策略有针对性地增强他们的规则意识。"创设逼真的情境"就不失为一个很好的方法。在实践中，可以适当地为幼儿创设一个想象的空间，通过情景的展现让幼儿的情感融入逼真的情境中，激励幼儿遵循规则参与游戏。比如，在"小老鼠和大花猫"的游戏中，当大部分幼儿疯狂地躲藏时，只有少部分幼儿不紧不慢地走着，没有丝毫紧张的气氛。如果老师说"快点藏起来，不然就会被大猫发现吃掉的"，他们可能会左看看右看看，最后撒腿就跑，藏到了椅子后面。让幼儿在游戏的情境中自然而然地做到了遵守规则，幼儿学得容易、玩得也开心。

三、让幼儿自己探讨制定游戏规则

音乐游戏是快乐的，孩子们都喜欢。但是当幼儿在音乐游戏中对规则有了争议，或出现不遵守游戏规则的情况的时候，教师应该考虑怎样才能让幼儿体验到遵守规则带来的乐趣，让音乐游戏中不再出现"不遵守规则""无规则"现象。

1. 将制定和执行规则的权利交给幼儿

大班幼儿有能力自己协商制定规则。比如音乐游戏"套圈"，教师请幼儿自由思考"套圈"游戏中应当有哪些规则，进行归纳并随音乐做手指套圈动作，把规则隐含在里面。在幼儿玩人套人的套圈游戏之后，针对游戏中出现的问题，让幼儿自由讨论，尝试调整改进规则来解决问题。最后，随着游戏进展，让幼儿一步步提炼游戏规则。

2. 将发现问题、解决问题的机会留给幼儿

幼儿能够独立解决问题、处理问题是规则的价值充分实现的前提。为此，当幼儿对音乐游戏中的犯规现象提出不满和异议时，教师应及时抓住这一机会，组织幼儿讨论因没有遵守游戏规则而给自己带来的不愉快体验，让他们感受规则在游戏中的重要性。比如，在音乐游戏"一起去旅行"中，音乐结束后没有抢到凳子的一位幼儿当选领头人，结果音乐结束后有多个人站在圈中间。这时中间的幼儿开始吵闹，因为领头人只能有一位幼儿。此时可以把问题抛回给幼儿，让孩子们来解决。孩子们想出了在中间设置一个领头人的站点，谁站在点上才能做领头人的方案，就这样，游戏规则在孩子们的讨论中形成了。教师也可以在游戏中将幼儿分为两组：一组幼儿游戏，另一组幼儿当助威者兼裁判。在游戏结束后一起对犯规行为及影响进行评判、讨论，在征求大家同意的情况下调整、改变规则，产生更具新颖性和挑战性的新规则。这个过程就是建构规则意义的内化过程。这样定出的规则才是幼儿所能接受的共同约定。

3. 多种反馈评价方式，促进幼儿自觉遵守规则

为了强化幼儿的规则意识，保持幼儿自觉遵守规则的良好行为，及时的反馈评价尤其重要。但音乐游戏中反馈评价的重点不在结果上，而是在领会音乐的基础上加上游戏规则，如果是规则毫无变化的游戏，那么多次这样的游戏后，幼儿对游戏本身的兴趣会大打折扣，背离了游戏的初衷。教师可以采取幼儿间"各组的新规则图示展示""幼儿自觉按规则开展游戏的情景抓拍""怎样按规则开展游戏的彼此交流""我有新的游戏规则"等多种形式对幼儿给以充分肯定和鼓励，从而引导幼儿学习伙伴的策略，不断内化规则意识。

知识点 6.6 各年龄班幼儿音乐游戏的特点与材料投放和指导要点

年龄班	特点	材料投放	指导要点
小班	1. 喜欢唱歌，能初步理解所熟悉歌曲的歌词内容和思想，能理解性质比较鲜明的音乐情绪等； 2. 能够做拍手、点头等小幅度慢速度的简单动作； 3. 能逐步用大肌肉动作来演奏打击乐器，节奏感有待发展； 4. 规则意识不强； 5. 游戏评价能力欠佳	1. 可选择节奏鲜明、欢快、篇幅较短、重复性较强的音乐素材； 2. 可选择铃鼓和串铃等乐器	1. 设计的游戏任务趣味性强，与音乐素材相结合，有角色和主题，易理解； 2. 游戏任务可以是简单的律动和听觉游戏； 3. 设计简单的音乐律动动作。建议设计拍手、晃动手臂、用手指点拍击身体的部位、点头或摇头、小幅度慢速度地运动躯干等简单的非移动动作； 4. 使用大肌肉动作来演奏的打击乐器，如铃鼓和串铃； 5. 游戏玩法规则设计简单，教师需要清楚示范游戏动作，并讲解游戏怎么玩、如何开始、如何评判等，并提醒幼儿遵守游戏规则； 6. 以教师为主，引导幼儿学习整理游戏材料，养成良好的游戏习惯； 7. 多采用简单回答的方式询问幼儿，让幼儿说出自己游戏中的体验，也可简单评价其他幼儿，丰富游戏经验

续表

年龄班	特点	材料投放	指导要点
中班	1. 听辨音节的分化能力有所提高，逐渐能辨别声音的细微变化； 2. 语言发展有了一定进步，已经能够完整地再现一些短小的歌曲和较长歌曲中比较完整的片段； 3. 手部肌肉进一步发展，节奏感有所提高，打击乐活动时可以选择节奏鲜明的乐曲，可以是2/4、3/4拍乐曲为主。 4. 能够理解并遵守游戏规则，喜欢与同伴共同游戏； 5. 在教师的引导下，可简单独立评价游戏	1. 选择内容较为广泛，性质风格多样的音乐作品，如舞曲、进行曲、摇篮曲、民乐等； 2. 可选择串铃、响板、木鱼、双响筒、锣、鼓等乐器，也可以鼓励幼儿一起参与游戏材料的自制	1. 设计的游戏任务趣味性强，可以加入对不同体裁、性质乐曲的分辨游戏；引导幼儿感受音乐风格、速度、力度、节奏、结构，以及听出乐段、乐句之间的重复以及乐曲在情绪情感性质上的明显差异；引导幼儿理解音乐所表达的情绪和情感，并由此产生一定的想象、联想； 2. 引导幼儿在歌唱游戏时，可以做到用速度、力度、音色的明显变化来表现歌曲中的不同形象和情绪；在律动游戏时，增加腿部移动动作，动作仍以重复动作为主； 3. 逐步引导任务自编创编歌词和动作； 4. 游戏任务知识性增强，关注幼儿的游戏自主性； 5. 游戏玩法多样，教师可以讲解与示范相结合，鼓励同伴合作、互助，给予幼儿在讲评游戏中分享游戏经验，提高游戏水平
大班	1. 具有一定的音乐欣赏能力，幼儿可以把握音乐中蕴含的诸多要素； 2. 对鲜明而有特点的节奏、音响和舞蹈律动具有浓厚的兴趣。会加上自己的主观想象，喜欢夸张新奇的事物，乐于尝试，愿意表现； 3. 可以比较完整准确地再现熟悉歌曲的歌词，唱错字、发错音的情况大大减少； 4. 在游戏中主动性强，能专心投入地参与游戏； 5. 能自觉按照游戏规则开展游戏，能与同伴较好合作； 6. 可独立评价游戏，发表自己的观点	1. 选择元素丰富的素材，包含各种音乐器和不同场景的音乐，如交响乐； 2. 提供丰富多样的音乐材料，也可以鼓励幼儿一起参与游戏材料的自制	1. 设计的游戏任务趣味性强综合性提升，有挑战性； 2. 鼓励幼儿尝试创新玩法。鼓励幼儿自己对音乐的直觉和想象； 3. 游戏任务具有多样，玩法新颖多样，教师主要通过语言提醒，以辅导为主，为幼儿提供更多合作、自主游戏的机会； 4. 引导幼儿把音乐游戏延伸到表演游戏等其他活动形式，根据自己的经验和想象不断求新求创造； 5. 通过多种形式开展游戏讲评，让幼儿在分享中拓展思路，培养幼儿分析、解决问题的能力

岗课赛证"加油站"

一、教师资格证相关考点

请扫描二维码,阅读资料6-3,回答以下问题。

1. 简述亲子游戏的概念和特点:

资料6-3

_____
_____
_____

2. 简述幼儿园亲子游戏的指导要点:

_____
_____
_____

二、教师资格证真题

【单选题】

关于幼儿游戏活动区的布置,正确的说法是(　　)。

A. 以阅读为主的图书区可与娃娃家放在一起
B. 自选游戏环境的创设是由教师进行的
C. 可在积木区提供一些人偶、小动物、交通工具模型等辅助材料
D. 娃娃家应该是完全敞开式,让每个人都能看到里面有什么

【简答题】

1. 游戏满足了幼儿身心发展的哪些需要?

2. 如何确保充足的游戏时间和良好的户外环境?

【活动设计题】

根据下面的案例,设计一份亲子运动会方案,要求写出亲子运动会的设计意图,其中包含2个运动项目(须写出运动项目的名称,材料和玩法),家长工作要点以及实施注意事项。

在与本班家长沟通中,大三班教师发现,不少家长平时很少和孩子一起运动,因为不知道可以和孩子玩什么,为此,教师准备举行一场亲子运动会,让家长体验到生活中随手可得的一些废旧材料,可以用于开展有趣的运动游戏,从而促进幼儿发展。

工作步骤参考建议　　岗课赛证参考答案

评价反思

目标	项目要求		评分细则	分值	自评分值	小组评分	教师评分
素养	纪律情况	按时出勤	迟到、早退各出现一次扣2分，旷课一次扣5分	10分			
		积极思考，回答问题	根据平台统计分数折算	10分			
	职业道德	具有科学的游戏观、儿童观、教育观、创新意识和育德意识	能完全根据幼儿的意愿开展游戏活动，游戏指导中有创新意识和育德意识得10分，其余视情况得3~8分	10分			
知识	识读任务书	了解音乐游戏的概念和特点	全部阐述清楚得10分，大部分阐述清楚得6分，其余视情况得1~5分	10分			
		掌握音乐游戏环境创设和材料投放要点	全部阐述清楚得10分，大部分阐述清楚得6分，其余视情况得1~5分	10分			
		了解音乐游戏观察和记录的方法和内容	全部阐述清楚得5分，部分阐述得3分，其余不得分	5分			
技能	音乐游戏的组织与实施	游戏前的准备	完全按照年龄阶段特点完成游戏环境创设和材料投放得10分，部分按照得6分，其余视情况得1~5分	10分			
		游戏中的指导	完全按照年龄特点，用合理的方式进行游戏指导得10分，部分按照得6分，其余视情况得1~5分	10分			
		游戏后的指导	能够通过适当的方式进行游戏讲评得5分，方法一般得3分，其余不得分	5分			
		观察和评价音乐游戏	能够采用恰当的方式进行游戏的观察和评价得10分，方法一般得6分，其余视情况得1~5分	10分			
任务书完成情况	按时保质完成任务书	按时提交	按时提交得5分，其余不得分	5分			
		书写整齐	字迹工整得2分，其余不得分	2分			
		有独到的见解	视情况得1~3分	3分			
合计				100分			
权重	自评20%，小组评分30%，教师50%						

参考文献

［1］习近平. 做党和人民满意的好老师——同北京师范大学师生代表座谈时的讲话［N］. 人民日报，2014-09-10.

［2］中华人民共和国教育部. 3~6岁儿童学习与发展指南［M］. 北京：首都师范大学出版社，2012.

［3］中华人民共和国教育部. 幼儿园教育指导纲要［M］. 北京：首都师范大学出版社，2001.

［4］李德菊. 学前儿童游戏［M］. 北京：首都师范大学出版社，2022.

［5］杨枫. 学前儿童游戏［M］. 北京：高等教育出版社，2018.

［6］莫云娟. 幼儿园游戏活动指导［M］. 长沙：湖南师范大学出版社，2021.

［7］虞丽娟. 从"思政课程"走向"课程思政"［N］. 光明日报，2017-07-02.

［8］高德毅. 牢记"立德树人"神圣使命推动教育事业科学发展［J］. 上海教育，2012（34）：11-12.

［9］刘承功. 高校深入推进"课程思政"的若干思考［J］. 思想理论教育，2018（6）：62-97.

［10］刘娟. 花样民游——幼儿园民间传统游戏的创新与指导［M］. 北京：北京师范大学出版社，2019.

［11］吴丽敏. 传统民间游戏融入幼儿园一日活动的策略研究［J］. 现代交际，2017（19）：162.